Fig. 78.

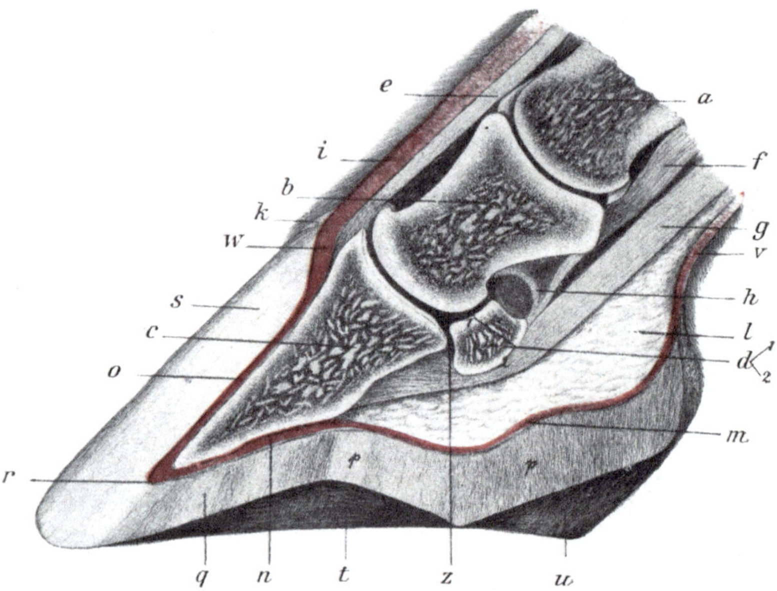

Längsdurchschnitt eines Hufes.

a Fesselbein.
b Kronenbein.
c Hufbein.
d Strahlbein.
  1 Gelenkfläche.
  2 Sehnenfläche.
e Zehenstrecker.
f Kronenbeinbeuger.
g Hufbeinbeuger.
h Kapselband des Hufgelenks.
i Haut des Fessels mit Haaren.
k Saumband.
l Strahlpolster.
m Fleischstrahl.
n Fleischsohle.
o Fleischwand.
p Hornstrahl.
t u. ***q*** Hornsohle.
r Weiße Linie.
s Hornwand.
u Mittlere Strahlfurche.
v Teil der Haarlederhaut.
w Fleischkrone.
z Hufgelenk.

Leitfaden

des

Hufbeschlages

für die

Schmiede der berittenen Truppen.

Von

C. Görte,
Oberstabsveterinär und Inspizient an der Militär-Veterinär-Akademie.

Dritte Auflage.

Mit 80 Abbildungen.

Springer-Verlag Berlin Heidelberg GmbH
1913

ISBN 978-3-662-34255-8 ISBN 978-3-662-34526-9 (eBook)
DOI 10.1007/978-3-662-34526-9

Vorwort zur ersten Auflage.

Durch Verfügung des Kriegsministeriums werden den Schmieden der berittenen Truppen, die den Hufbeschlag der Dienstpferde längere Zeit zur vollen Zufriedenheit ausgeführt und an dem Unterricht über Hufbeschlag teilgenommen haben, nach vorhergegangener Prüfung Zeugnisse erteilt, die zum Betriebe des Hufbeschlaggewerbes berechtigen.

Die von den Regimentern erteilten Zeugnisse sind gleichberechtigt den auf den Lehrschmieden erworbenen.

Die Anforderungen bei den Prüfungen müssen ziemlich die gleichen sein, da sonst der Zweck, für die Kriegsbrauchbarkeit der Pferdebestände des Landes sowie für die Hebung des Hufbeschlags zu sorgen, nicht erfüllt wird.

Jahrelang habe ich den Schmieden Unterricht erteilt als Veterinär in der Truppe, sowie als Assistent und technischer Vorstand einer Lehrschmiede.

In den Lehrschmieden werden die Schüler eingehend in allen Fächern theoretisch und praktisch ausgebildet und beschäftigen sich während eines halben Jahres nur mit Hufbeschlag.

Bei der Truppe sind aber durch die so vielseitige Ausbildung des Soldaten für seine Waffe nur in den Herbst- und Wintermonaten wöchentlich 1—2 Stunden für den Schmiedeunterricht zu erübrigen.

In der Zwischenzeit von 8 zu 8 Tagen hat der Schmied auch bei großem Eifer das Vorgetragene meist wieder vergessen, es fehlt ihm ein kurzer Leitfaden, aus welchem das Vorgetragene nachgelesen werden kann.

Diesem Bedürfnis soll der von mir verfaßte Leitfaden abhelfen.

Die vorzüglichen Lehrbücher des Hufbeschlages von Prof. Kösters und Prof. Dr. Lungwitz boten mir ein reiches Material.

Die Zahl der Abbildungen ist auf das möglichste beschränkt worden, da bei der Truppe genügend Lehrmittel vorhanden sind, die von den Veterinären zum Anschauungsunterricht benutzt werden können.

Herrn Stabsveterinär Brilling spreche ich an dieser Stelle meinen verbindlichsten Dank aus für die Zeichnungen zu den Figuren 3—13, 16—28, 30, 32—37, 41, 44—48, 52—55, 61—63.

Mit dem Wunsche, daß der Leitfaden den Veterinären den Unterricht an die Schmiede der Truppen erleichtere und die Schmiede noch größere Erfolge und Leistungen bei Ablegung der Schmiedeprüfung erzielen mögen, sei derselbe der Oeffentlichkeit übergeben.

Braunschweig, März 1911.

Der Verfasser.

Vorwort zur zweiten Auflage.

Die freundliche Aufnahme und die wohlwollende Beurteilung, welche mein „Leitfaden des Hufbeschlages“ gefunden hat, machen die Herausgabe einer zweiten Auflage schon vor Ablauf eines Jahres erforderlich.

Im Text sind nur kleine Aenderungen vorgenommen, einzelne Abbildungen erneuert und die Zahl derselben ist um einige vermehrt worden.

Berlin, Dezember 1911.

Der Verfasser.

Vorwort zur dritten Auflage.

Das schnelle Vergriffensein auch der zweiten Auflage ist mir ein Beweis, daß das Buch in seiner Anlage den Anforderungen entspricht.

Es sind nur geringe Aenderungen im Text vorgenommen.

Den Beschlag der kaltblütigen Pferde habe ich auf vielfachen Wunsch neu zugefügt.

Herrn Stabsveterinär Brilling sage ich noch besonderen Dank für die Anfertigung der neuen Zeichnungen.

Berlin, März 1913.

Der Verfasser.

Inhalt.

III. Abschnitt.

IV. Abschnitt.

V. Abschnitt.

VI. Abschnitt.

Einleitung.

Das edelste und nützlichste Haustier ist das Pferd. Der Wert desselben hängt zum großen Teil von der Beschaffenheit der Gliedmaßen und der Hufe ab.

„Ohne Huf kein Pferd“, sagt mit Recht ein altes englisches Sprichwort.

Auf der Steppe und Weide, sowie bei der Arbeit auf weichem Boden, ist die Abnutzung des Hufes so gering und wächst stets soviel Horn nach, daß es künstlichen Hufschutzes meist nicht bedarf.

Beim Arbeiten auf hartem Boden aber nutzt sich der Huf schneller ab als das Horn nachwächst. Sollen die Pferde gebrauchsfähig bleiben, so müssen sie beschlagen werden.

Unter Hufbeschlag versteht man die Kunst, den Huf entsprechend der Schenkelstellung, dem Auftritt und der Hufform zu beschneiden, durch ein Eisen vor zu starker Abnutzung zu schützen und denselben in seinen natürlichen Verhältnissen und der gesunden Form möglichst zu erhalten.

Ein jeder Hufbeschlag wirkt nachteilig auf den Huf ein. Eine große Zahl von Huflahmheiten ist auf schlecht ausgeführten Beschlag zurückzuführen, während durch einen zweckmäßigen Beschlag Hufe und Gliedmaßen gesund erhalten und lahme Pferde brauchbar gemacht werden können.

Schon seit langer Zeit hat die Regierung hohen Wert auf die gute Ausbildung der Hufschmiede gelegt.

Im Jahre 1884 wurde durch ein besonderes Gesetz — das Schmiede-Prüfungsgesetz — der Hufbeschlag zu heben gesucht, und im Jahre 1904 erschien eine neue Prüfungsordnung für Hufschmiede und der Entwurf eines Musterstatuts für Lehrschmieden.

An Militär- und Zivillehrschmieden genießen die jungen Schmiede eine besondere Fachausbildung. Den Schmieden der berittenen Truppen ist ebenfalls Gelegenheit gegeben, sich während der Dienstzeit im Hufbeschlag auszubilden und ein Prüfungszeugnis zu erwerben.

Mögen alle Schmiede der berittenen Truppen diese günstige Gelegenheit, für ihren Beruf etwas zu lernen und sich darin zu vervollkommnen, reichlich und gern benutzen.

Im Privatleben ist ein Kursus an einer Lehrschmiede stets mit erheblichen Kosten verbunden.

A. Wissenschaftlicher Teil.

I. Abschnitt.

1. Der Bau des Pferdekörpers.

Man unterscheidet:

a) Warmblütige, edle Pferde.

Die Knochen sind dünn und fein, die Hufe hoch, glänzend und von feinem Bau.

b) Kaltblütige, schwere Pferde.

Die Knochen sind dick und schwammig, die Hufe niedrig, breit und von grobfaserigem Bau.

Die Grundlage des Körpers ist das Knochengerüst.

Man teilt die Knochen ein in

a) die Knochen des Kopfes,

b) die Knochen des Rumpfes,

c) die Knochen der Gliedmaßen.

Die Bezeichnung und Lage der Knochen des Kopfes, des Rumpfes und der Gliedmaßen sind aus der Zeichnung 1 „das Knochengerüst" ersichtlich.

Für den Schmied sind die Knochen der Gliedmaßen am wichtigsten.

Man teilt dieselben ein in

a) Die Knochen der Vordergliedmaßen.

Zu denselben gehören das Schulterblatt (*7*), das Armbein (*9*), der Vorarm (*12*), bestehend aus Speiche und Ellenbogenbein, das Vorderfußwurzelgelenk (*13*), das Schienbein (*14*) mit den beiden Griffelbeinen (*25*, *26*), das Fesselbein (*15*), das Kronenbein (*16*), das Hufbein (*17*) und das Strahlbein (*31*).

Schulterblatt und Armbein bilden das Schulter- oder Buggelenk (*8*), Armbein und Vorarm das Ellenbogengelenk (*11*). Das Vorderfußwurzelgelenk besteht aus 7 Knochen, die in

Fig. 1.

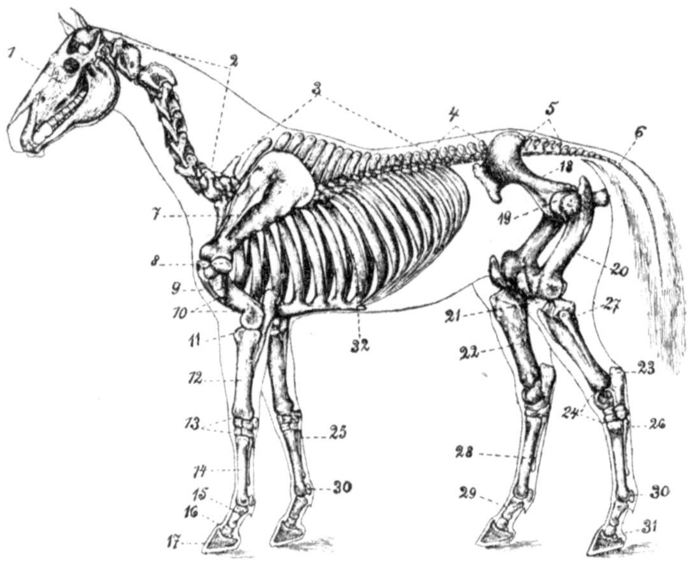

Das Knochengerüst.

1 Knochen des Kopfes.
2 Halswirbel.
3 Rückenwirbel.
4 Lendenwirbel.
5 Kreuzwirbel.
6 Schweifwirbel.
7 Schulterblatt.
8 Buggelenk.
9 Armbein.
10 Brustbein.
11 Ellenbogengelenk.
12 Vorarm.
13 Vorderfußwurzelgelenk.
14 Vorderschienbein.
15, *29* Fesselbeine.
16 Kronenbein.
17 Hufbein.
18 Becken.
19 Hüftgelenk.
20 Oberschenkel.
21 Kniegelenk.
22 Unterschenkel.
23 Sprungbein.
24 Sprunggelenk.
25, *26* Griffelbeine.
27 Wadenbein.
28 Hinterschienbein.
29 Fesselbein.
30 Gleichbeine.
31 Strahlbein.
32 Rippen.

zwei Reihen übereinander liegen. Mit der oberen Reihe dieses Gelenkes verbindet sich das untere Ende des Vorarms, mit der unteren Reihe das obere Ende des Schienbeins. An der hinteren Fläche des Schienbeins liegen die beiden Griffelbeine.

Schienbein und Fesselbein bilden das Fesselgelenk, an der hinteren Fläche desselben liegen die beiden Gleichbeine (*30*), Fessel- und Kronenbein bilden das Kronengelenk, Kronen-, Strahl- und Hufbein das Hufgelenk.

b) Die Knochen der Hintergliedmaßen.

Dieselben sind mit den Knochen des Beckens (*18*) (Darm-, Scham- und Sitzbein) unmittelbar im Hüftgelenk verbunden.

Zu den Knochen der Hintergliedmaßen gehören der Oberschenkel (*20*), der Unterschenkel (*22*), das Sprunggelenk (*24*), das Schienbein (*28*). Die übrigen Knochen sind denen der Vordergliedmaßen gleich. Der Oberschenkel verbindet sich gelenkig mit dem Becken im Hüftgelenk (*19*), Oberschenkel und Unterschenkel verbinden sich im Kniegelenk (*21*), vorn liegt die Kniescheibe. Das Sprunggelenk besteht aus 6 kleinen Knochen, die wichtigsten sind das Roll- und das Sprungbein (*23*).

Die unteren Gelenke sind ebenso wie die an den Vordergliedmaßen.

Sämtliche Knochen, mit Ausnahme des Hufbeins, sind mit einer dünnen Haut, der Beinhaut, überzogen. Dieselbe dient zur Ernährung und zum Schutze des Knochens. Die Knochen der Gliedmaßen sind beweglich miteinander durch Gelenke verbunden. Die Knochen sind hart und fest.

Die Knorpel sind weich und elastisch und sehen bläulich weiß aus.

An die Knochen heften sich die Muskeln an; dieselben sehen rot aus und werden „Fleisch“ genannt. Diejenigen Muskeln, welche auf weite Entfernungen wirken, wie die Muskeln der Gliedmaßen, enden in Sehnen. Letztere sind gelb aussehende, elastische Stränge, die oft in Sehnenscheiden eingehüllt über Rollen fortlaufen (Gleichbeine am Fesselgelenk, Strahlbein am Hufgelenk).

An der Gliedmaße unterscheidet man zwei wichtige Muskelgruppen: die Beuger und die Strecker. Beide enden in langen Sehnen an den unteren Knochen der Gliedmaße.

An der hinteren Fläche des Schienbeins liegen die Beugesehnen, Fesselbein-, Hufbein-, Kronenbeinbeuger (Fig. 2).

Fig. 2.

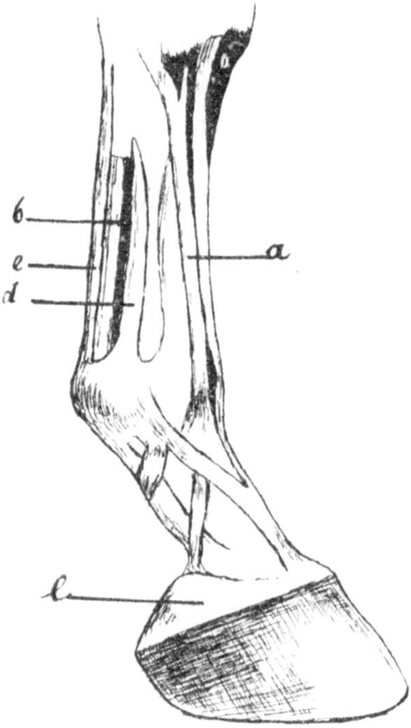

Der Sehnenapparat des Fußes.
a Zehenstrecker, *b* Hufbein-, *c* Kronenbein-, *d* Fesselbeinbeuger, *e* Hufbeinknorpel.

An der vorderen Fläche des Schienbeins liegt die Strecksehne, der gemeinschaftliche Zehenstrecker. Den Antrieb zur Tätigkeit erhält der Muskel durch den Willen des Pferdes. Der Wille wird durch den Nerv vom Gehirn übertragen.

Die Nerven sind weiße Stränge, die sich vom Gehirn bzw. Rückenmark aus durch den ganzen Körper und somit auch in den Huf sehr zahlreich verzweigen. Sie dienen nicht nur zur Vermittlung der Bewegung, sondern bringen den Tieren auch den Schmerz zum Bewußtsein.

Damit die einzelnen Teile des Körpers, also auch der Huf lebensfähig bleiben und wachsen können, gebrauchen dieselben eine Ernährungsflüssigkeit: das Blut. Dieses wird durch das Herz in Bewegung gesetzt.

Das Blut befindet sich in einem geschlossenen Kanalsystem, den Blutgefäßen, Arterien (Schlagadern) und Venen (Blutadern) genannt. Die Arterien führen hellrotes Blut, das den Huf ernähren soll; die Venen entführen ihm dunkelrotes Blut, welches die verbrauchten Stoffe enthält.

In den Lungen wird das dunkelrote Blut durch Berührung mit der Luft gereinigt und verläßt als hellrotes Blut wieder die Lungen.

Der Pferdekörper ist von der äußeren Haut überzogen, sie bildet das Haar und wird Haarlederhaut genannt. Am Huf nennt man die entsprechenden Teile Huflederhaut.

2. Der Bau des Hufes.

Huf-, Kronen- und Fesselbein bezeichnet man auch als die Zehe. Dieselbe bildet mit dem Schienbein einen Winkel, dessen Größe je nach der Stellung zwischen 130—140 Grad schwankt.

Der unterste Teil der Gliedmaße wird Huf genannt.

Zum Hufe gehören:

1. die Knochenteile,
2. die Fleischteile,
3. die Hornteile,
4. die elastischen Teile,
5. die im Hufe sich verzweigenden Blutgefäße und Nerven.

1. Die Knochenteile.

Zu den Knochenteilen gehören:

a) das Hufbein,
b) das Kronenbein,
c) das Strahlbein.

a) Das Hufbein.

Das Hufbein hat drei Flächen. Die Wandfläche ist rauh, verläuft schräg und nimmt an Höhe von vorn nach hinten ab. Unten stößt die Wandfläche in einem scharfen Rande mit der Sohlenfläche zusammen.

Die Sohlenfläche ist gewölbt. Sie zerfällt in einen größeren, glatten, vorderen Teil und in einen kleineren, rauhen, hinteren Teil. An letzteren heftet sich die Hufbeinbeugesehne an.

Die Gelenkfläche ist glatt und flach ausgehöhlt, sie verbindet die Wand- und Sohlenfläche (Fig. 3 u. 4).

Das Hufbein hat drei Fortsätze: die Hufbeinkappe und die beiden Hufbeinäste. Die **Hufbeinkappe** überragt vorn die Gelenkfläche; hier heftet sich der Zehenstrecker an.

Fig. 3.

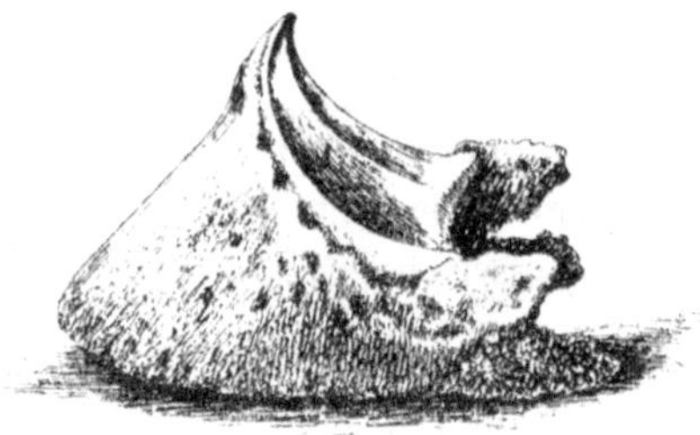

Vorderhufbein
von der Seite gesehen.

Fig. 4.

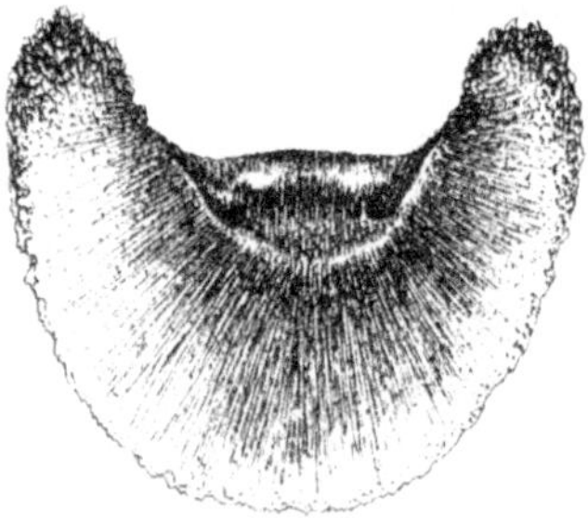

Vorderhufbein
von unten gesehen.

Die **Hufbeinäste** sind Fortsätze des Hufbeins nach hinten; an dieselben heften sich die Hufbeinknorpel an.

Die Hufbeine sind verschieden nach der Hufform und den Stellungen. Das Hufbein des engen Hufes ist höher, weniger breit und von festerem Bau; das des weiten Hufes niedriger, breiter und von mehr schwammigem Bau als das des regelmäßigen Hufes. Das Hufbein des stumpfen Hufes hat einen größeren, das des spitzen Hufes einen kleineren Zehenwinkel als das des regelmäßigen Hufes.

Ebenso unterscheiden sich Vorder- und Hinterhufbein. Das Vorderhufbein ist rund, das Hinterhufbein spitzrund. Stellt man ersteres auf eine ebene Platte, so kann man mit demselben wiegende Bewegungen machen, der Zehenteil ist aufgerichtet (Zehenrichtung). Stellt man ein Hinterhufbein auf eine ebene Platte, so liegt es überall fest auf. Bei einem Hinterhufbein steht die Wandfläche etwas steiler.

b) Das Kronenbein.

Das Kronenbein ist ein würfelförmiger Knochen, nur der untere Teil liegt in der Hufkapsel. Die einzelnen Flächen gehen abgerundet ineinander über (Fig. 5).

c) **Das Strahlbein.**

Das Strahlbein ist ein kleiner, schifförmiger Knochen. Man unterscheidet zwei Flächen, eine vordere Gelenkfläche und eine hintere Sehnenfläche (Fig. 6).

Fig. 5.

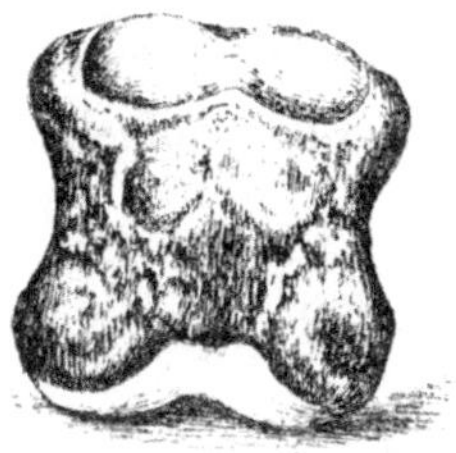

Kronenbein.

Fig. 6.

Strahlbein.

Die Gelenkfläche des Strahlbeins, die Gelenkpfanne des Hufbeins und die Gelenkwalze des Kronenbeins bilden zusammen das Hufgelenk. Ueber die Sehnenfläche des Strahlbeins gleitet die Hufbeinbeugesehne. (Siehe Titelbild Fig. 78*d*, *1 u. 2*) Längsdurchschnitt eines Hufes.)

2. Die Fleischteile.

Die Fleischteile werden auch Huflederhaut genannt; sie erzeugen den Hornschuh und werden eingeteilt in

a) den Fleischsaum,
b) die Fleischkrone mit der Fleischkroneneckstrebe,
c) die Fleischwand mit der Fleischwandeckstrebe,
d) die Fleischsohle,
e) den Fleischstrahl.

a) **Der Fleischsaum.**

Der Fleischsaum erzeugt den Hornsaum. Er stellt eine schmale Rinne dar, die vorn tief und schmal ist, nach hinten breiter und flacher wird und in den Fleischstrahl übergeht. Nach oben grenzt er an die äußere Haut, nach unten an die Fleischkrone.

b) **Die Fleischkrone.**

Die Fleischkrone ist ein starker, wulstiger Ring, der

hinten offen ist; sie überragt die Fleischwand und grenzt nach oben an den Fleischsaum. An der Zehe ist die Fleischkrone am stärksten; nach hinten wird sie schwächer und biegt sich zu einem Winkel um, läuft nach vorn und innen und heißt von der Umbiegungsstelle an die **Fleischkroneneckstrebe**. Diese geht in die Fleischsohle über.

Die Fleischkrone liegt vorn auf der Endsehne des Zehenstreckers, seitlich auf der Gelenkkapsel des Hufgelenks, hinten auf den Hufbeinknorpeln.

Fig. 7.

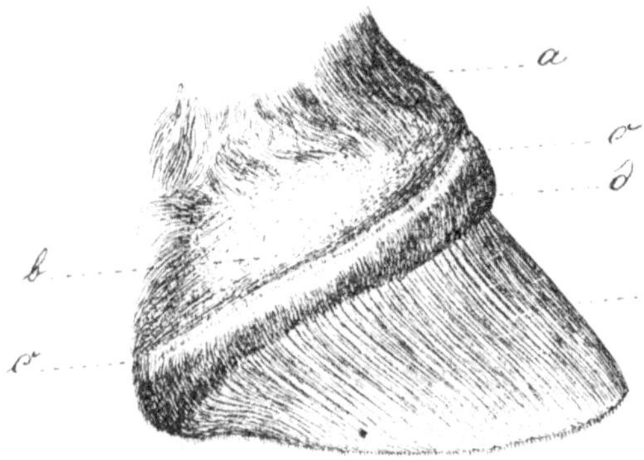

a äußere Haut mit Haaren, *b* äußere Haut ohne Haare, *c* Fleischsaum, *d* Fleischkrone, *e* Fleischwand.

Die **Fleischkrone** erzeugt das **Horn für die Hornwand**, die **Fleischkroneneckstrebe** das **Horn für die Hornwandeckstrebe**.

c) Die Fleischsohle.

Die **Fleischsohle** bildet die **Hornsohle**. Sie ist dünn und legt sich der Sohlenfläche des Hufbeins fest an. Der äußere Rand verbindet sich mit der Fleischwand und der Fleischwandeckstrebe. In den dreieckigen Ausschnitt schiebt sich der Fleischstrahl ein (Fig. 7 u. 8).

d) Der Fleischstrahl.

Der **Fleischstrahl** bildet den **Hornstrahl**. Er überzieht die untere Fläche des Strahlpolsters und ist nur dünn.

Nach außen vom Fleischstrahl liegen die Fleischkroneneckstreben und die Fleischsohle.

Alle bis jetzt beschriebenen Fleischteile sehen körnig, samtartig aus, es kommt dies von den vielen kleinen Zotten, mit denen sie besetzt sind. An den Stellen wo viel Horn erzeugt wird, wie z. B. an der Fleischkrone, sind die Zotten am größten.

e) Die Fleischwand.

Die Fleischwand legt sich der Wandfläche des Hufbeins fest an und ersetzt die hier fehlende Beinhaut. Hinten

Fig. 8.

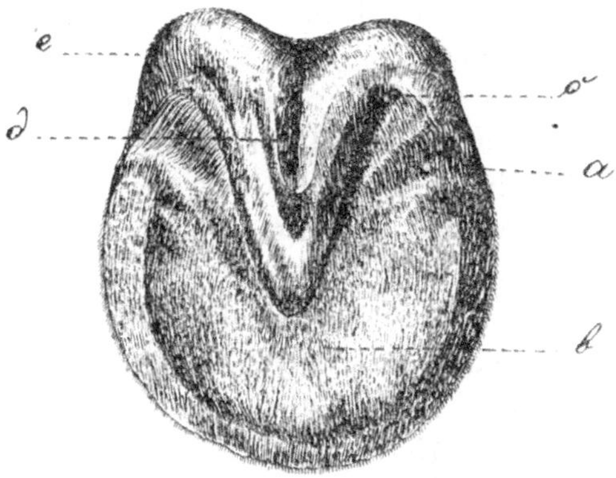

a Fleischwandeckstrebe, *b* Fleischsohle, *c* Fleischkroneneckstrebe, *d* Fleischstrahl, *e* Fleischballen.

schlägt sie sich zu einem Winkel um, heißt von dieser Umbiegungsstelle an Fleischwandeckstrebe, verläuft dann nach vorn und innen und geht in die Fleischsohle über.

Fleischwand und Fleischwandeckstrebe sind mit zahlreichen dicht nebeneinander liegenden Fleischblättchen bedeckt, die in gerader Richtung von oben nach unten verlaufen. Zwischen zwei Fleischblättchen greift jedesmal ein Hornblättchen der Blättchenschicht der Hornwand.

Ungefähr 600 Fleischblättchen verbinden sich mit ebensovielen Hornblättchen innig und fest. Dadurch, daß die

Blättchen noch Nebenblättchen haben, wird diese Verbindung noch inniger, ausgedehnter und fester.

Am unteren Rande des Hufbeins lösen sich die Fleischblättchen in kleine Zotten auf und verbinden sich mit den kleinen Zotten am äußeren Rande der Fleischsohle; von diesen zusammen wird das Horn der weißen Linie gebildet.

Die Fleischwand und die Fleischwandeckstrebe bilden hauptsächlich eine Gleitbahn für das Horn, welches von der Fleischkrone und der Fleischkroneneckstrebe gemacht wird. In geringem Grade bilden beide selbst Horn.

3. Die Hornteile.

Zu den Hornteilen gehören:

a) der Hornsaum,

b) die Hornwand mit der Hornwandeckstrebe,

c) die Hornsohle mit der weißen Linie,

d) der Hornstrahl.

a) Der Hornsaum oder **das Saumband.**

Der Hornsaum ist ein dünnes, 2—3 cm breites Band, das die Verbindung der äußeren behaarten Haut mit dem Hornschuh darstellt. Nach hinten nimmt der Hornsaum an Breite zu und geht in die Ballen über, unten setzt er sich als Glasurschicht der Hornwand fort. Der Hornsaum schützt den oberen dünnen Rand der Hornwand vor dem Austrocknen.

b) Die Hornwand.

Die Hornwand wird eingeteilt in die Zehenwand, die beiden Seiten- und die beiden Trachtenwände. Letztere biegen sich zu einem Winkel, dem Trachtenwinkel, auch Eckstrebenwinkel genannt, um, verlaufen nach vorn und der Mitte des Hufes und heißen von der Umbiegungsstelle an die Hornwandeckstreben.

An der Hornwand unterscheidet man zwei Ränder, einen oberen, den Kronenrand und einen unteren, den Tragerand.

Am Kronenrande befindet sich eine Rinne, die Kronenwulstrinne. In dieser hat die, die Fleischwand überragende Kronenwulst ihre Lage (Fig. 9). Entsprechend der Dicke der

Fleischkrone nimmt auch die Kronenwulstrinne nach den Ballen hin an Breite und Tiefe ab.

Der Tragerand verbindet sich durch die weiße Linie mit der Hornsohle.

Die Hornwand nimmt an Höhe von der Zehe nach den Trachten hin ab. Die Dicke ist mit Ausnahme der Kronenwulstrinne gleich vom Kronen- bis zum Tragerande, nimmt aber bei Vorderhufen von der Zehe nach den Trachten allmählich ab; bei Hinterhufen ist die Wand fast gleichmäßig dick. Bei steil stehenden Wänden ist die Hornwand dünner als bei schräg stehenden.

Fig. 9.

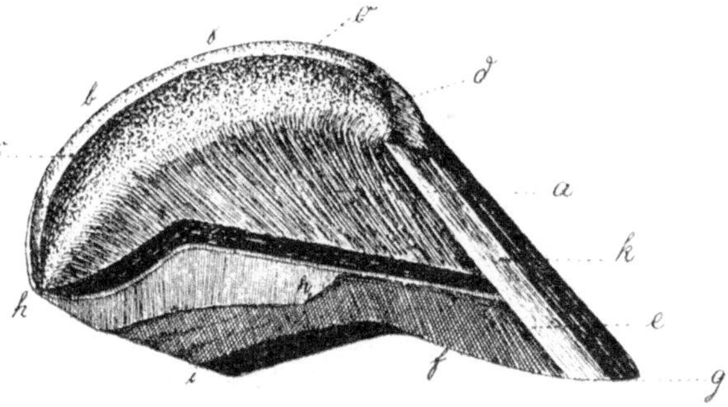

Längsdurchschnitt des Hornhufes.

a Hornblättchen, *b* Kronenrand, *c* Kronenwulstrinne, *d* Saumband, *e* weiße Linie, *f* Hornsohle durchschnitten, *g* Tragerand, *h-i* Eckstrebenwand, *h-h* die Stelle, an welcher der Hornstrahl abgeschnitten ist, *k* Hornwand (Schutzschicht).

Man unterscheidet an der Hornwand drei Schichten. Die äußere ist die Glasur- oder Deckschicht, sie ist nur dünn, verleiht dem Hufe seinen Glanz und muß beim Beschlagen stets geschont werden. Die mittlere ist die Schutz- oder Hornröhrchenschicht, sie wird von der Fleischkrone gebildet und ist die dickste. Die innerste ist die Blättchenschicht. Die Hornblättchen sind den Fleischblättchen ähnlich; zwischen zwei Hornblättchen liegt stets ein Fleischblättchen. Auf diese Weise verbinden sich ungefähr 600 Fleischblättchen mit ebensovielen Hornblättchen.

In dieser ungemein feinen und ausgedehnten Verbindung der Fleischwand mit der Hornwand schwebt die Körperlast, welche die Hufe zu tragen haben. Nur zum geringen Teil ruht sie auf der Hornsohle. Wird diese innige Verbindung in ihrem ganzen Umfange getrennt, z. B. durch Eiterungsvorgänge, so verliert das Pferd seinen Hornschuh, man sagt: es schuht aus.

Fig. 10.

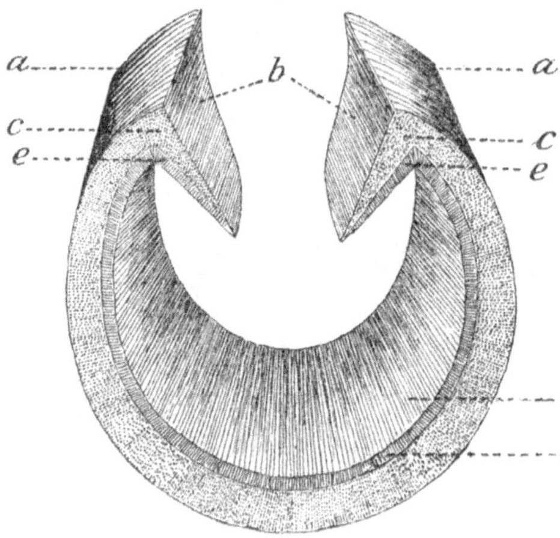

Hornwand mit Hornwandeckstrebe.
a Trachtenwand, *b* Hornwandeckstrebe, *c* Trachtenecke, *d* Hornblättchen, *e* weiße Linie.

Die Hornwandeckstrebe ist ebenso gebaut wie die Hornwand (Fig. 10). Von der Umbiegungsstelle an nimmt sie allmählich an Höhe ab und verliert sich in der Hornsohle. Die weiße Linie verbindet auch hier die Hornsohle mit der Eckstrebe.

c) Die Hornsohle.

Die Hornsohle stellt eine gewölbte Hornplatte dar (Fig. 11). Sie zerfällt in den Sohlenkörper und in die beiden Sohlenschenkel: an jedem Sohlenschenkel unterscheidet man einen inneren und einen äußeren Rand. Den Teil des Sohlenschenkels, welcher sich mit dem Trachtenwinkel verbindet, nennt man Sohlenwinkel.

Der äußere Rand der Hornsohle verbindet sich durch die weiße Linie mit dem Tragerand der Hornwand: ebenso verbindet die weiße Linie den inneren Rand des Sohlenschenkels mit dem unteren Rand der Eckstrebe. (Siehe Fig. 10b, c, e.)

Fig. 11.

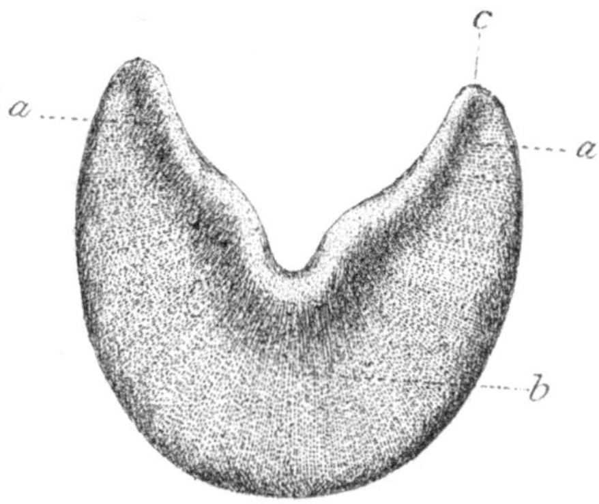

Hornsohle.
a Sohlenschenkel, *b* Sohlenkörper, *c* Sohlenwinkel.

Die weiße Linie ist von besonderer Bedeutung, da dieselbe stets die Dicke der Hornwand erkennen läßt.

Das Horn der weißen Linie wird gebildet von den Fleischzotten am Rande der Fleischsohle und von den Fleischblättchen am scharfen Rande des Hufbeins, die sich hier in Zotten auflösen.

d) Der Hornstrahl.

Der Hornstrahl ist wie ein Keil von hinten zwischen die Eckstreben und den Ausschnitt der Hornsohle eingeschoben.

Er ist von dreieckiger Form, weich und elastisch. Man teilt den Hornstrahl ein in den nach hinten gelegenen breiten Strahlgrund und in die nach vorn gelegene Spitze. Seitlich legen sich an den Strahl die Eckstreben an, dadurch kommt es zur Entstehung der seitlichen Strahlfurchen (Fig. 12).

Fig. 12.

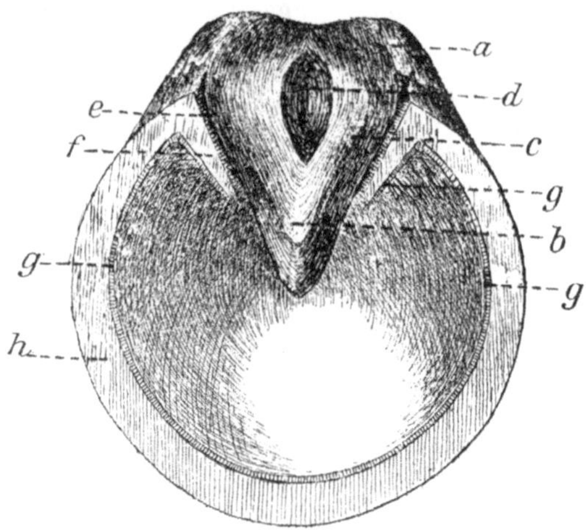

Hornstrahl.
a Grund, *b* Spitze, *c* Schenkel des Strahls, *d* mittlere, *e* seitliche Strahlfurche, *f* Eckstrebe, *g* weiße Linie, *h* Tragerand.

Durch Bildung einer mittleren Strahlfurche entstehen die Strahlschenkel; letztere verbinden den Grund mit der Spitze.

Die obere Fläche des Hornstrahls legt sich innig dem Fleischstrahl an. Wo der Hornstrahl Erhöhungen aufweist, hat der Fleischstrahl entsprechende Vertiefungen. Macht man sich vom Hornstrahl Querschnitte, so stellt der Querschnitt am Grunde ein lateinisches **W**, an der Spitze ein **V** dar. Die mittlere Erhöhung im **W** nennt man den Hahnenkamm; derselbe paßt in die mittlere Vertiefung des Fleischstrahls.

4. Die elastischen Teile.

a) Die Hufbeinknorpel setzen sich an die Hufbeinäste an. Sie stellen elastische Platten von fast viereckiger Gestalt dar, überragen fingerbreit die Hornkapsel nach oben und können an den Ballen deutlich gefühlt werden. Zwischen den beiden Knorpeln liegen das Strahlbein, die Hufbeinbeugesehne und das Strahlpolster. An die äußere, gewölbte Fläche legen sich die Fleischwand, die Fleischkrone und oben die behaarte äußere Haut; an die innere, ausgehöhlte Fläche legt sich die seitliche Fläche des Strahlpolsters. Der obere und hintere Rand bilden die Grundlage der Ballen.

Fig. 13.

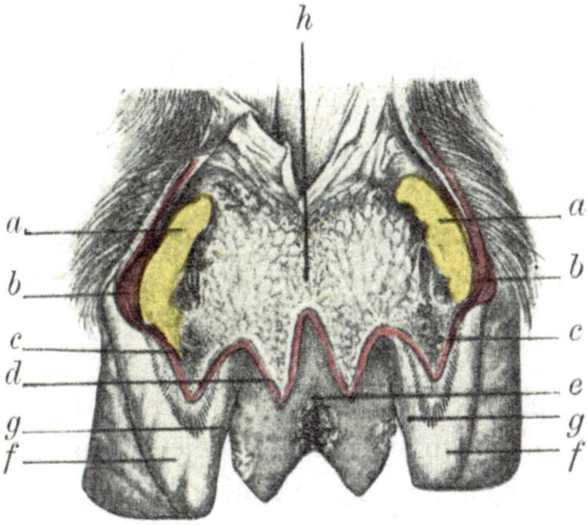

Querschnitt durch den Huf an den Trachten.

a Hufbeinknorpel, *b* Fleischkrone, *c* Fleischwand, *d* Fleischstrahl, *e* Hornstrahl, *f* Hornwand, *g* Hornwandeckstrebe, *h* Strahlpolster.

b) Das Strahlpolster.

Das Strahlpolster hat eine keilförmige Gestalt. Die Spitze des Keils ist nach vorn gerichtet. Es besteht aus elastischen Fasern, sieht gelbweiß aus und füllt den Raum in dem hinteren Abschnitt des Hufes aus. Mit den Hufknorpeln zusammen dient es den Ballen als Grundlage (Fig. 13). Die obere Fläche ist der Hufbeinbeugesehne zugekehrt, die untere Fläche wird vom Fleischstrahl überzogen; die seitlichen Flächen verbinden sich fest mit den inneren, ausgehöhlten Flächen der Hufbeinknorpel.

5. Die Blutgefäße und Nerven.

Das Blutgefäß, welches das Blut zum Hufe führt, ist die Hauptmittelfußarterie; sie wird auch Schienbeinarterie genannt. Dieselbe liegt an der inneren Seite des Schienbeins zwischen dem Fessel- und Hufbeinbeuger und führt hellrotes Blut. In der Gegend des Fesselgelenks teilt sich das Gefäß in die beiden Seitenarterien der Zehe und gibt dann viele kleine Zweige ab, die den Huf sehr reichlich mit Blut versorgen.

Nachdem das Blut die feinsten, sog. Haargefäße des Hufes durchlaufen hat, sammelt es sich wieder in den Venen, sieht nun dunkelrot aus und wird dann durch die Seitenvene der Zehe in größere Venen geführt, gelangt schließlich ins Herz zurück. Durch letzteres wird es in die Lungen getrieben, wo es durch Zusammentreten mit der Luft wieder gereinigt und hellrot wird. („Nerven“ siehe S. 6.)

Die Hornkapsel.

Die Hornkapsel (Hornschuh) besteht aus Hart- und Weichhorn. Zu ersterem gehören die Hornwand und die Hornsohle, zu letzterem das Saumband, der Hornstrahl und die weiße Linie.

Die Hornkapsel hat ein geringes Eigengewicht, und ist daher der Huf leicht im Verhältnis zu seinem Umfang. Ferner ist der Hornschuh elastisch, einmal durch die eigene Elastizität des Hornes selbst, dann aber auch durch die Zusammensetzung aus Hart- und Weichhorn und durch die elastischen Teile, die im Hufe liegen (Strahlpolster und Hufbeinknorpel).

Vermöge dieser Eigenschaften des Hornschuhes kann das Pferd auch selbst in schneller Gangart auf hartem Boden gehen. Der Stoß und die Erschütterung, die sonst den Huf und die Gelenke treffen würden, werden erheblich gemildert.

Die Hornkapsel ist ein schlechter Wärmeleiter. Das Pferd kann daher mit seinen Hufen lange im Schnee stehen, ohne daß diese erfrieren. Das Horn nimmt leicht Feuchtigkeit auf und gibt dieselbe durch Verdunstung auch leicht wieder ab. Fette dringen nur schwer in die Hornschicht ein.

3. Das Wachstum des Hufhorns.

Mit Ausnahme der Fleischwand bilden die Fleischteile das Hufhorn. Dieselben sehen körnig aus von den vielen kleinen Zotten, mit denen sie besetzt sind. Zur Bildung von Horn ist viel Blut erforderlich. In jede Zotte dringen Blutgefäße und verzweigen sich in derselben vielfach. Die Zotten bilden zunächst das Horn in Form von kleinen Zellen. Die jungen Zellen schieben die alten vor sich her. Wenn sie die Spitze der Zotten erreicht haben, so entsteht eine Hornröhre (Fig. 14). Zwischen den Zotten wächst ebenfalls Horn, das Zwischenhorn. Letzteres verbindet das Röhrchenhorn zu einer festen Masse. So wächst das Hufhorn gleichmäßig von oben nach unten, indem die jungen Hornmassen die alten vor sich herschieben. Das Wachstum geht langsam vonstatten, es dauert an der Zehe etwa 12, an den Seitenwänden 8 und an den Trachtenwänden 5 Monate, ehe ein Hornteil vom Kronen- bis zum Tragerande hinuntergewachsen ist. Bei den einzelnen Hufformen ist das Wachstum verschieden schnell. Je mehr die Wandabschnitte erschüttert werden, um so schneller wachsen sie; daher wächst das Horn bei Hufen mit steilen Wänden schneller als bei Hufen mit schräg verlaufenden Wänden. Hinterhufe wachsen schneller als Vorderhufe, unbeschlagene schneller als beschlagene.

Fig. 14.

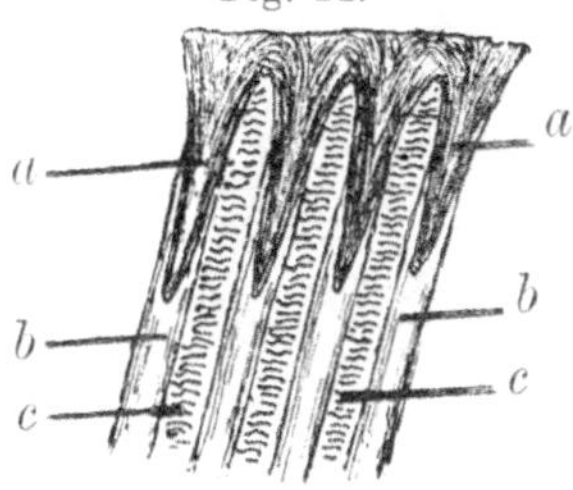

Zotten der Fleischkrone (vergr.)

a Zotten, *b* Röhrchen, *c* Zwischenhorn

Bewegung, gute Hufpflege, regelmäßige Erneuerung des Beschlages, gute Ernährung des Pferdes begünstigen das Wachstum.

Die **jungen Hornteile,** welche den Fleischteilen nahe liegen, sehen **feucht** und **glänzend** aus, die **alten, abgestorbenen** Hornmassen sind **trocken, grau, spröde** und **rissig.**

Fig. 15.

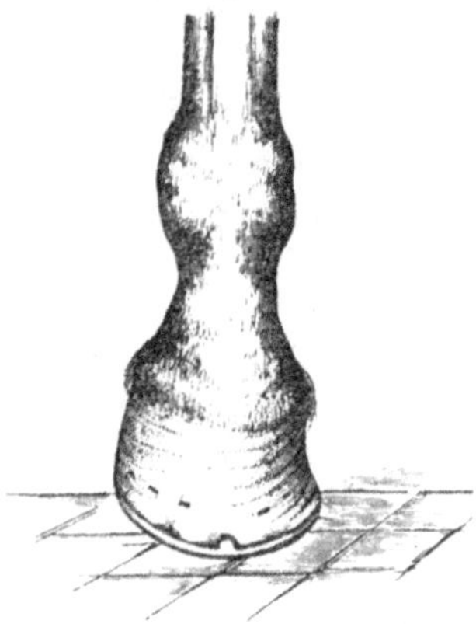

Das Horn wächst meist gradlinig vom Kronen- zum Tragerand. Parallel mit dem Kronenrande verlaufende schwache Ringe gehören zu normalen Wachstumsvorgängen.

Bleiben Wandabschnitte längereZeit zu hoch, so biegen sie sich von der Fleischwand ab (konvexe Verbiegung). Die Ringe liegen dann weiter auseinander (Fig. 15). Werden Wandabschnitte zu niedrig gelassen, so verbiegen sie sich gegen die Fleischwand (konkave Verbiegung). Die Ringe liegen dann dichter zusammen.

II. Abschnitt.

1. Die Stellungen der Gliedmaßen.

Für den Schmied ist es von besonderer Wichtigkeit, die einzelnen Stellungen erkennen und beurteilen zu können, da mit denselben ganz bestimmte Hufformen verbunden sind.

Auf die Erhaltung der Hufform zu der jedesmaligen Stellung muß der Schmied bei der Beschneidung und dem Beschlage des Hufes stets bedacht sein.

Man unterscheidet:

A. Die Stellungen der Vordergliedmaßen.

I. Von der **Seite** betrachtet.

1. Die regelmäßige oder gerade Stellung (Fig. 16). Das vom Schultergelenk gefällte Lot trifft die Hufzehe.

a) Ist der Winkel der Fessellinie mit dem Erdboden ungefähr 45°, so ist die Winkelung eine regelmäßige.

Fig. 16.

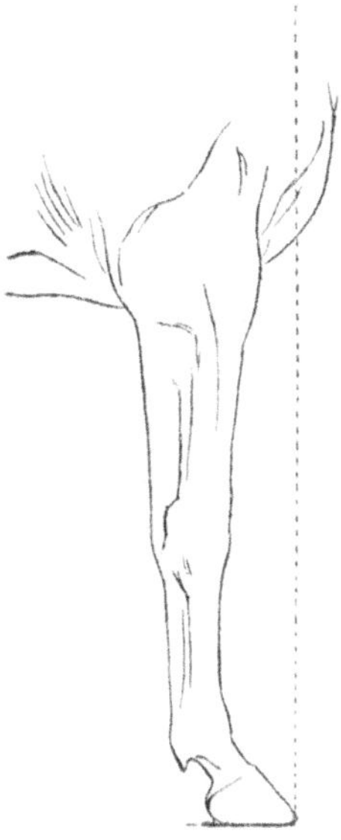

Die regelmäßige oder gerade Stellung.

Fig. 17.

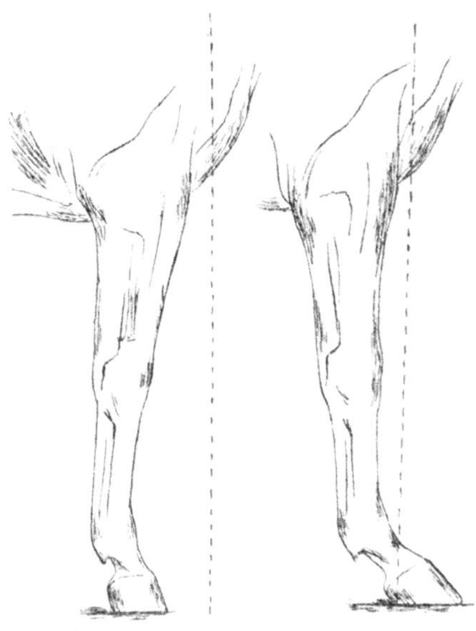

a die rückständige, b die vorständige Stellung.

b) Ist der Winkel größer als 50°, so nennt man die Gliedmaße stumpfgewinkelt oder steilgefesselt.

c) Ist der Winkel kleiner als 45°, so nennt man die Gliedmaße spitzgewinkelt oder weichgefesselt.

2. Die rückständige Stellung (Fig. 17a).

Der Schenkel steht hinter dem vom Schultergelenk gefällten Lot. Die Winkelung ist stumpf. Fängt die Abweichung erst am Vorderfußwurzelgelenk an, so heißt die Stellung rückbiegig (Fig. 18a).

3. Die vorständige Stellung (Fig. 17b).

Der Schenkel steht vor dem vom Schultergelenk gefällten Lot. Die Winkelung des ganzen Schenkels ist spitz.

Fig. 18.

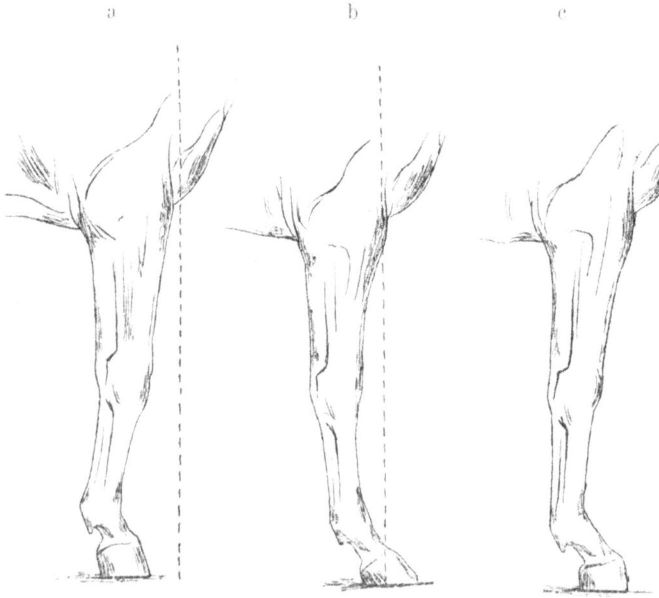

a die rückbiegige, b die vorbiegige, c die bärenfüßige Stellung.

Fängt die Abweichung erst am Vorderfußwurzelgelenk an, so heißt die Stellung vorbiegig, auch hammelbeinig (Fig. 18b).

4. Die bärenfüßige Stellung (Fig. 18c).

Das Hufbein steht steiler als das Kronen- und Fesselbein und bildet mit diesen Knochen einen Winkel; Kronen- und Fesselbein haben oft, besonders bei den Hintergliedmaßen, eine wagerechte Lage.

II. Von **vorn** betrachtet.

1. Die regelmäßige oder gerade Stellung (Fig. 19a).

Ein vom Schultergelenk gefälltes Lot trifft die Mitte der Hufzehe und teilt den Schenkel in zwei gleiche Teile.

2. Die bodenenge Stellung (Fig. 19b).

Die Schenkel weichen in gerader Richtung vom Lot nach unten und innen ab.

Fig. 19.

a b

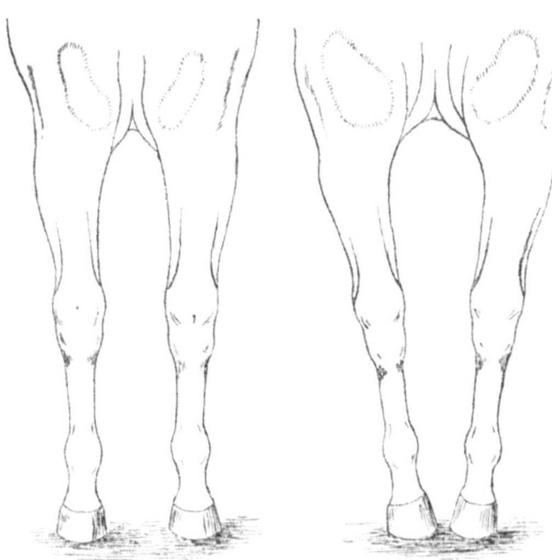

a die regelmäßige, b die bodenenge Stellung.

a) Die zehenbodenenge Stellung.

Die Schenkel stehen bis zum Fesselgelenk gerade, weichen dann nach unten und innen ab.

b) Die O-beinige Stellung.

Die Schenkel weichen in gebogener Richtung nach unten und innen ab.

3. Die bodenweite Stellung (Fig. 20a).

Die Schenkel weichen in gerader Richtung vom Lot nach unten und außen ab.

a) Die zehenbodenweite Stellung.

Die Schenkel gehen bis zum Fesselgelenk gerade und weichen von da nach unten und außen ab.

b) Die X-beinige Stellung.

Die Schenkel weichen in gebogener Richtung nach unten und außen ab.

Fig. 20.

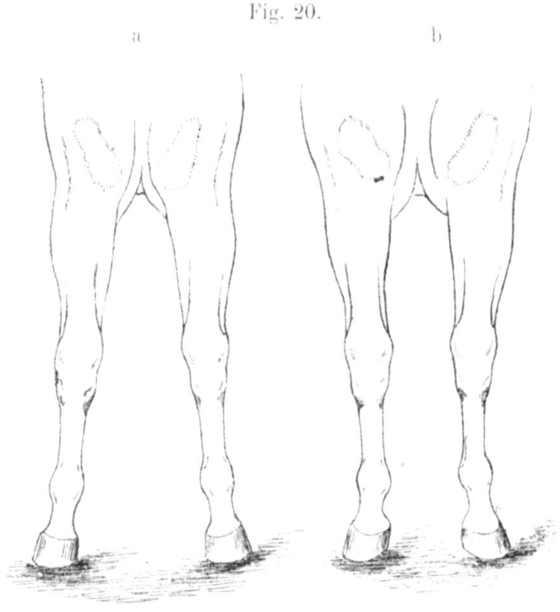

a die bodenweite, b die diagonale Stellung (nach außen).

4. Die diagonale Stellung (Fig. 20b).

Der Schenkel ist um seine Längsachse gedreht, und zwar im ganzen Verlauf oder erst vom Vorderfußwurzel- bzw. Fesselgelenk an. Die Drehung des Schenkels ist entweder nach außen (französisch, zehenweit) oder nach innen (zeheneng).

Die diagonale Stellung kommt nie allein vor, sondern stets in Verbindung mit einer der anderen Grundstellungen, z. B. regelmäßig diagonal nach außen, bodenweit diagonal nach innen, zehenbodeneng-diagonal nach außen.

B. Die Stellungen der Hintergliedmaßen.

I. Von der **Seite** betrachtet (Fig. 21).

1. Die regelmäßige Stellung.

Das von der Gegend des Hüftgelenkes gefällte Lot trifft die Huftracht.

Fig. 21.

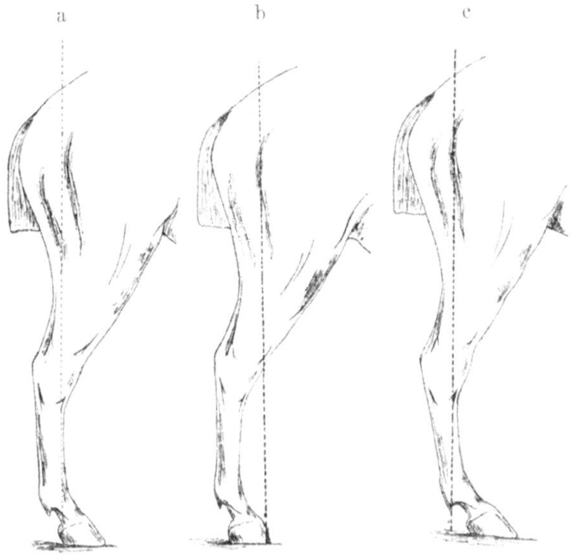

Die Stellungen der Hintergliedmaßen von der Seite.
a regelmäßig, b rückständig, c vorständig.

2. Die rückständige Stellung.

Der Schenkel steht hinter dem vom Hüftgelenk gefällten Lot.

3. Die vorständige Stellung.

Der Schenkel steht vor dem vom Hüftgelenk gefällten Lot.

Vorständig vom Sprunggelenk nennt man säbelbeinig.

II. Von **hinten** betrachtet (Fig. 22).

1. Die regelmäßige Stellung.

Ein vom Sitzbeinhöcker gefälltes Lot teilt den Schenkel in zwei gleiche Teile und trifft die Mitte des Hufes.

2. Die übrigen Stellungen sind wie die bei den Vordergliedmaßen. X- und O-beinige Stellungen kommen besonders bei den Hintergliedmaßen vor, bei ersterer sind die Sprunggelenke dicht zusammen, bei letzterer weit auseinander.

Fig. 22.

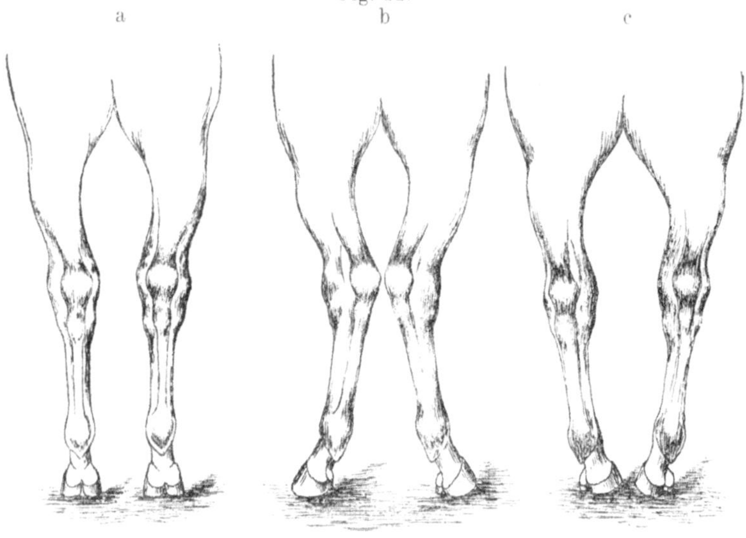

Die Stellung der Hintergliedmaßen von hinten.
a regelmäßig, b X-beinig, c O-beinig.

2. Die Bewegung der Schenkel.

Je nach den verschiedenen Stellungen werden auch die Schenkel verschieden bewegt.

Die Bewegung des Körpers nach vorwärts wird durch die Tätigkeit der Hinterbeine veranlaßt, die Vorderbeine fangen die Last des vorgeschobenen Rumpfes auf.

Bei der regelmäßigen Stellung werden die Schenkel und Hufe in gerader Richtung nach vorn bewegt; bei der bodenengen wird ein Bogen **um** den stützenden, bei der bodenweiten ein Bogen **gegen** den stützenden Fuß gemacht. Bei diagonal nach außen gestellten Schenkeln weicht das Vorderfußwurzelgelenk nach außen ab, während der Huf in einem Bogen gegen den stehenden Fuß vorgeführt wird.

Bei O- und X-beiniger Stellung werden drehende Bewegungen ausgeführt. O-beinig gestellte Pferde drehen das Sprunggelenk nach außen, die Zehe nach innen, X-beinig gestellte das Sprunggelenk nach innen, die Zehe nach außen.

Pferde mit stark bodeneng-diagonal nach außen gestellten Hintergliedmaßen drehen wie die O-beinig gestellten.

Bei Betrachtung von der Seite fallen bei regelmäßigem Körperbau die Hufschläge der Vorder- und Hinterbeine zusammen. Die Hufe werden in mittlerer Höhe vorgeführt.

Pferde mit spitzgewinkelten Gliedmaßen führen die Hufe in einem flachen Bogen über den Erdboden vor, es tritt leicht Stolpern ein.

Pferde mit stumpfgewinkelten Gliedmaßen führen die Hufe in einem hohen Bogen vor, der Stoß trifft die Schenkel stärker als bei regelmäßiger und spitzer Winkelung.

3. Die Hufformen.

Man unterscheidet:

1. Den regelmäßigen Vorderhuf.

Derselbe ist rund, von mittlerer Höhe und Weite. Die innere Wand steht etwas steiler als die äußere.

Die Zehenwand steht schräg in einem Winkel von 45 bis 50° zum Erdboden, die Seitenwände stehen steiler, die Trachtenwände haben eine mäßige Neigung nach innen zum Strahl hin (Fig. 23 u. 24). Die größte Weite des Hufes liegt am Ende des zweiten Drittels. Zehen-, Seiten- und Trachtenwand verhalten sich in ihrer Länge wie 3 : 2 : 1. Die Sohle ist mäßig gewölbt, die Eckstreben stehen mäßig schräg.

2. Den regelmäßigen Hinterhuf.

Die Form ist mehr spitzrund. Die Hornwand steht im ganzen steiler als beim Vorderhuf, die äußere Wand etwas

Fig. 23.

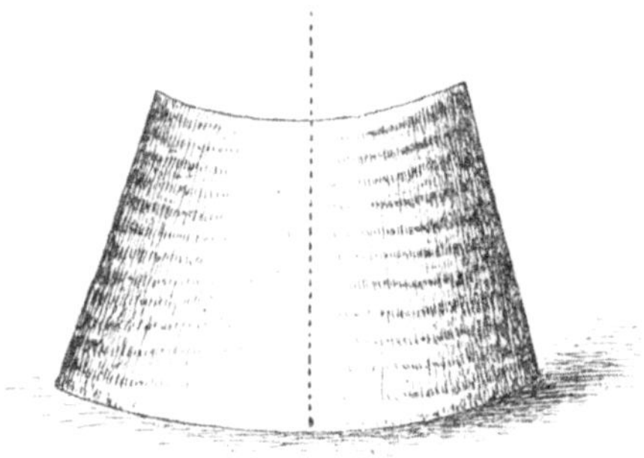

Fig. 24.

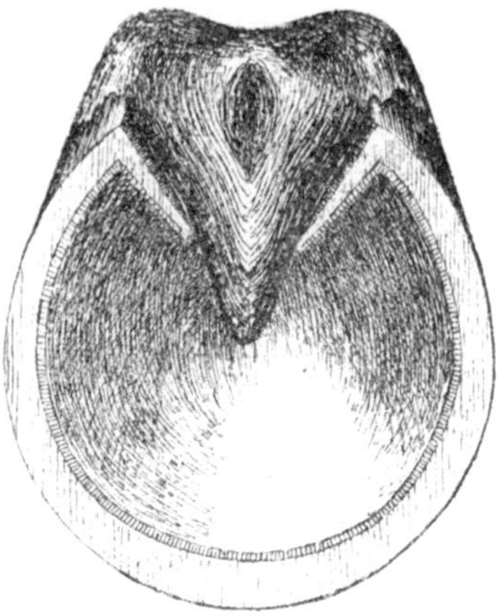

Regelmäßiger Vorderhuf.

steiler als die innere (Fig. 25). Die weiteste Stelle des Hufes liegt im letzten Drittel, die Sohle ist stärker gewölbt die Hornwand ist überall fast gleichmäßig dick.

Fig. 25.

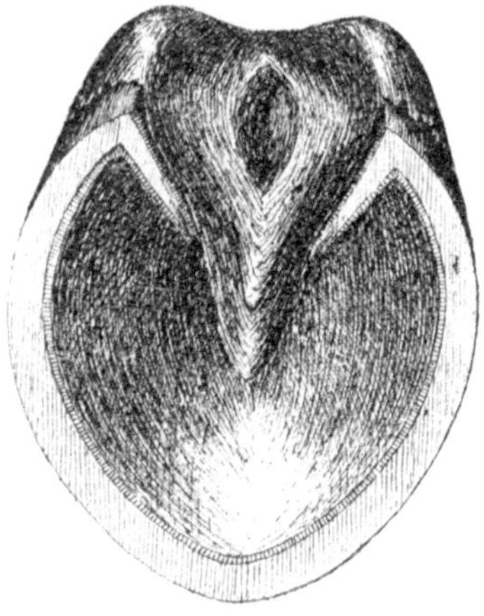

Regelmäßiger Hinterhuf.

3. Den engen Huf.

Derselbe hat eine ovalrunde Form und ist hoch. Nur ein kleiner Teil der Zehenwand steht schräg, der größte Teil der Hornwand steht steil, die Trachtenwände haben eine starke Neigung nach innen (Fig. 26 u. 27). Die Hornsohle ist stark gewölbt, der Strahl schmal mit tiefen Furchen. Die Eckstreben stehen steil und sind lang. Der Huf ist am Kronenrande fast ebenso weit wie am Tragerande. Die Hornwand ist dünn, das Horn feinfaserig.

Fig. 26.

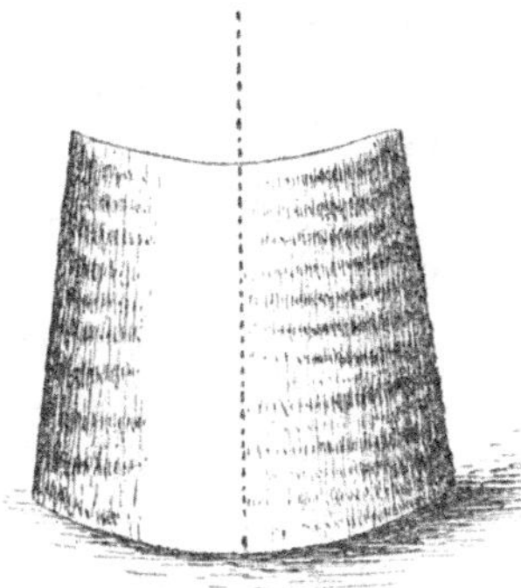

Fig. 27.

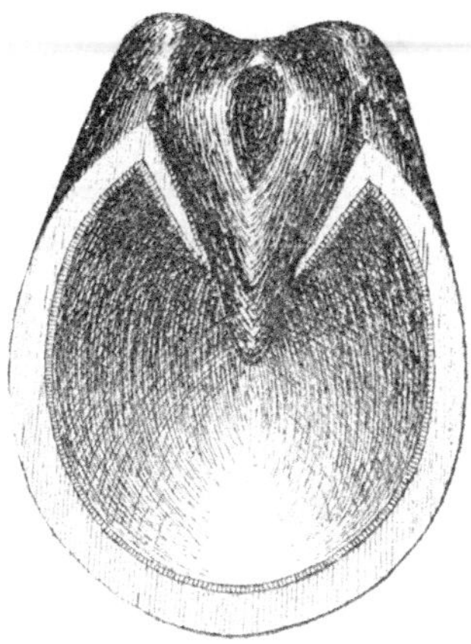

Enger Vorderhuf.

4. Den weiten Huf.

Derselbe hat eine kreisrunde Form und ist niedrig. Die Wände stehen sehr schräg, die Trachten haben nur eine geringe Neigung nach innen. Die Hornsohle ist mäßig gewölbt, der Strahl breit mit flachen Furchen (Fig. 28 und Fig. 29). Die Eckstreben stehen sehr schräg und sind kurz. Der Huf ist am Tragerand viel weiter als am Kronenrand. Die Hornwand ist dick, das Horn grobfaserig.

Fig. 28.

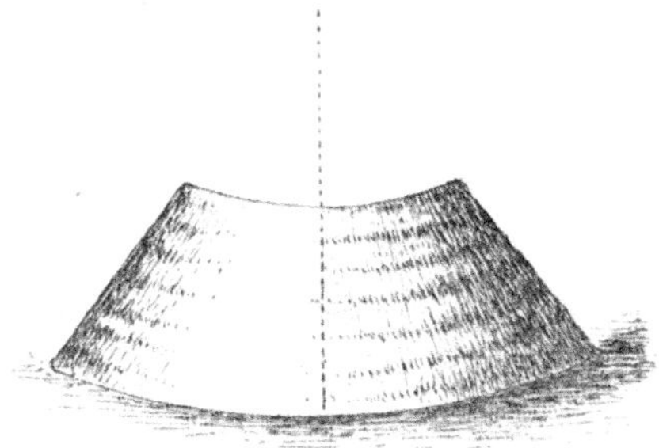

Weiter Vorderhuf.

5. Den bodenweiten Huf.

Derselbe kommt vor bei der bodenweiten, zehenbodenweiten und X-beinigen Stellung. Die innere Wand steht bedeutend viel steiler als die äußere, daher ist auch der innere Sohlenschenkel viel schmaler als der äußere.

Die innere Seite zeigt mehr oder weniger die Formen des engen, die äußere diejenigen des weiten Hufes.

Fig. 29.

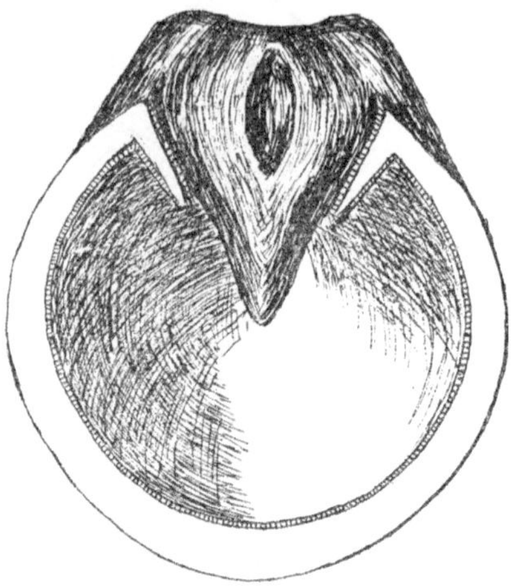

Weiter Huf.

Die innere Tracht hat eine starke Neigung nach innen, die äußere nur eine geringe.

6. Den bodenengen Huf.

Derselbe kommt vor bei der bodenengen, zehenbodenengen und O-beinigen Stellung.

Die äußere Seite steht bedeutend viel steiler als die innere, daher ist auch der äußere Sohlenschenkel viel schmaler als der innere (Fig. 30).

Die äußere Seite zeigt die Formen des engen, die innere diejenigen des weiten Hufes.

Fig. 30.

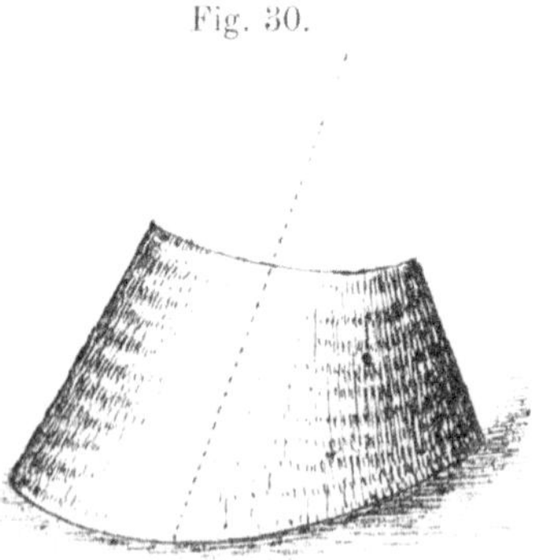

Linker bodenenger Vorderhuf.

Fig. 31.

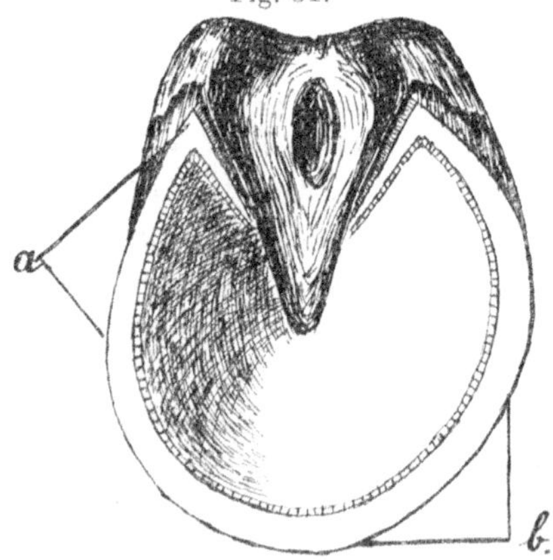

Die diagonale Umformung. *a* innere Tracht, *b* äußere Zehe.

Die äußere Tracht hat eine starke Neigung nach innen, die innere nur eine geringe.

7. Den diagonalen Huf.

Schon bei Besprechung der Stellungen ist angegeben, daß die diagonale Stellung nicht für sich allein, sondern nur in Verbindung mit einer der anderen Grundstellungen vorkommt, z. B. regelmäßig diagonal nach außen gestellt (zehenweit). Demnach richtet sich auch die Form des diagonalen Hufes nach der mit ihr verbundenen Grundform. Man spricht also z. B. von einem regelmäßigen Huf mit diagonaler Umformung.

Die diagonale Umformung besteht darin, daß der Durchmesser des Hufes von der inneren Tracht zur äußeren Zehe abnimmt, der Durchmesser von der äußeren Tracht zur inneren Zehe etwas zunimmt.

Bei Betrachtung von unten sieht man, daß die diagonale Umformung den Hufen die gleichmäßige Rundung genommen hat.

Es verlaufen gerade und gestreckt die innere Tracht und die äußere Zehe; etwas mehr gerundet die äußere Tracht und die innere Zehe (Fig. 31).

Ist die Stellung diagonal nach innen (zeheneng), so ist nicht nur die innere Tracht des Hufes gerade und gestreckt, sondern auch die innere Seitenwand.

Bei dem bodenengen Hufe kommt die diagonale Umformung weniger zum Ausdruck, es bleibt dem Hufe mehr die bodenenge Form erhalten.

Man sieht nur an der äußeren Tracht eine noch stärkere Rundung und damit verbunden eine starke Neigung der äußeren Tracht nach innen.

Die Stellung bodeneng-diagonal nach außen kommt oft an den Hintergliedmaßen vor.

Alle bis jetzt beschriebenen Hufformen waren bei Betrachtung von der Seite gedacht in einem Zehenwinkel von 45—50°; man nennt diese Hufformen regelmäßig gewinkelt (Fig. 32).

Ist der Zehenwinkel kleiner als 45°, so entsteht der **spitze Huf** (Fig. 33).

Derselbe kommt vor bei der weichgefesselten geraden, der vorständigen und vorbiegigen Stellung.

Der Huf hat eine lange, starke Zehe und niedrige, schwache, stark belastete Trachten. Zehen-, Seiten- und Trachtenwand verhalten sich in ihrer Länge ungefähr wie 4:3:1.

Fig. 32.

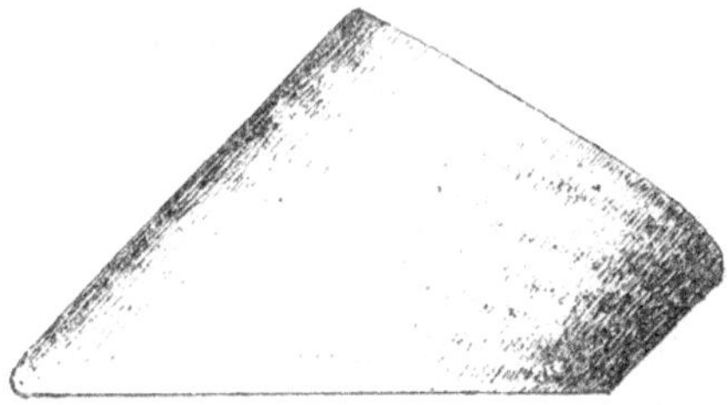

Regelmäßiger Huf.

Fig. 33.

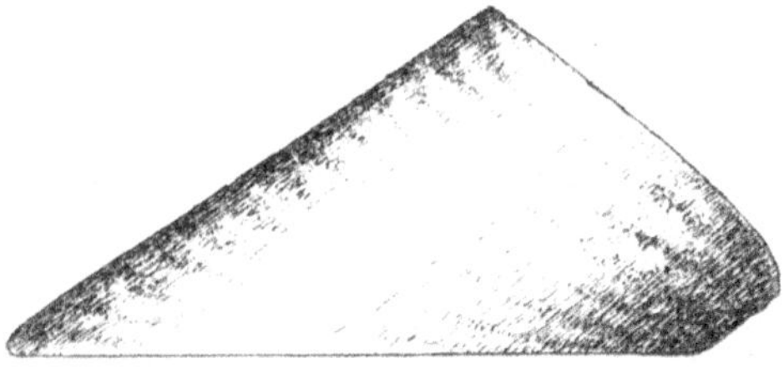

Spitzer Huf.

Fig. 34.

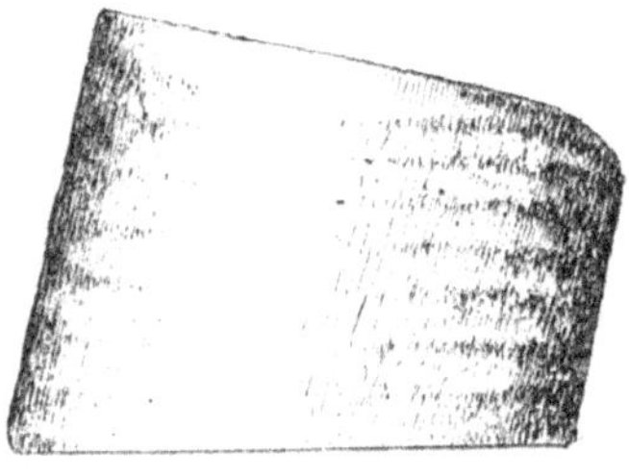

Stumpfer Huf.

Ist der Zehenwinkel größer als 50°, so entsteht der **stumpfe Huf** (Fig. 34).

Derselbe kommt vor bei der steil gefesselten geraden, der rückständigen, rückbiegigen und bärenfüßigen Stellung.

Der Huf hat eine schwache, niedrige, stark belastete Zehe und hohe, starke Trachten.

Zehen-, Seiten- und Trachtenwand verhalten sich wie $3 : 2^1/_2 : 2$.

Man muß also unterscheiden:

regelmäßige enge und regelmäßige weite Hufe,
spitze enge „ spitze weite Hufe,
stumpfe enge „ stumpfe weite Hufe,
spitze bodenenge „ spitze bodenweite Hufe usw.

Die Veränderung des Zehenwinkels formt die Hufe in ihrer Gestalt um.

Wird der Zehenwinkel kleiner, so nimmt die Zehe des Hufes an Länge zu, die Tracht aber ab.

Wird der Zehenwinkel größer als 50°, so nimmt die Zehe des Hufes an Länge ab, die Tracht aber zu.

Die niedrigsten Trachten hat demnach der spitze weite Huf, die höchsten Trachten der stumpfe enge Huf.

4. Die Einwirkung der Körperlast auf die Hufe bei den einzelnen Stellungen.

Im Stande der Ruhe stützen die 4 Gliedmaßen den Körper und die 4 Hufe tragen die Körperlast. Die Vorderhufe sind durch den Hals und den Kopf des Pferdes sowie durch das Gewicht des Reiters mehr belastet als die Hinterhufe, neigen infolgedessen auch mehr zu Erkrankungen.

In der Bewegung müssen 2 Hufe, im Galopp und beim Sprung muß oft nur 1 Huf den ganzen Körper stützen.

Der Hufbeschlag soll daher den Hufen stets eine gute Stützfläche gewähren, um sie möglichst vor Erkrankungen zu schützen.

Bei den einzelnen Stellungen des Pferdes wirkt die Körperlast verschieden auf die Hufe ein.

Bei regelmäßig gestellten Gliedmaßen werden alle Teile des Hufes gleichmäßig belastet.

Bei **bodenenger** Stellung wird die **steile äußere** Seite, bei **bodenweiter** Stellung die **steile innere** Seite mehr belastet. Steht der Schenkel **diagonal nach außen,** so fällt die Last mehr auf die steil stehende **innere** Tracht und die äußere Zehe.

Bei **bodeneng-diagonal nach außen** gestellten Schenkeln wird am meisten die **äußere** Tracht belastet.

Ist die Winkelung eine **spitze**, so werden mehr die **Trachten**, ist die Winkelung eine **stumpfe**, wird mehr die **Zehe** belastet.

Die steilen Hornwandabschnitte sind die stärker belasteten, sie neigen daher leicht zu Erkrankungen und müssen bei der Beschneidung besonders berücksichtigt und durch das Hufeisen gestützt werden.

Die einzelnen Hufformen müssen auch zu den Stellungen passend erhalten werden.

Es gehört zu einer bodenengen Stellung auch ein bodenenger Huf, also ein Huf, dessen äußere Seite steil und dessen innere schräg verläuft. Man kann nicht aus einem bodenengen Huf einen regelmäßigen formen wollen.

Fig. 35.

Zur Stellung passend.

Fig. 36.

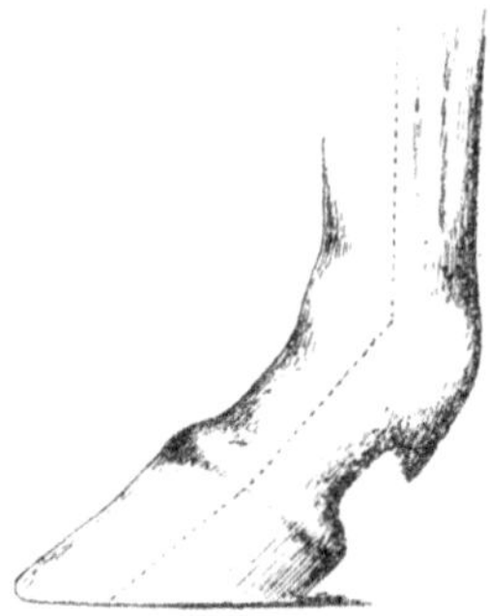

Für die Stellung zu spitz.

Fig. 37.

Für die Stellung zu stumpf.

Ebenso muß der Schmied stets darauf achten, daß der Huf zu seinem Fesselstande paßt, sowohl bei Betrachtung von der Seite, als auch von vorn und von hinten.

Der Huf paßt von der Seite gesehen zu seinem Fesselstand, wenn die Zehenlinie in gleicher Richtung verläuft wie die Fessellinie. (Unter letzterer versteht man eine durch die Mitte des Fesselbeins gezogene Linie.)

Verläuft die Fessellinie steiler als die Zehenlinie, so ist der Huf für die Stellung zu spitz. Entweder ist dann die Zehe zu lang oder es sind die Trachten zu niedrig (Fig. 35, 36 u. 37).

Fig. 38.

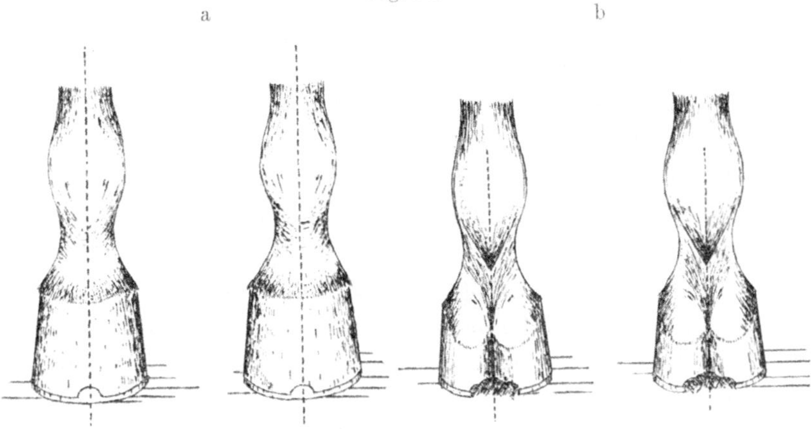

Zur Stellung passend von vorn. Zur Stellung passend von hinten.

Fig. 39.

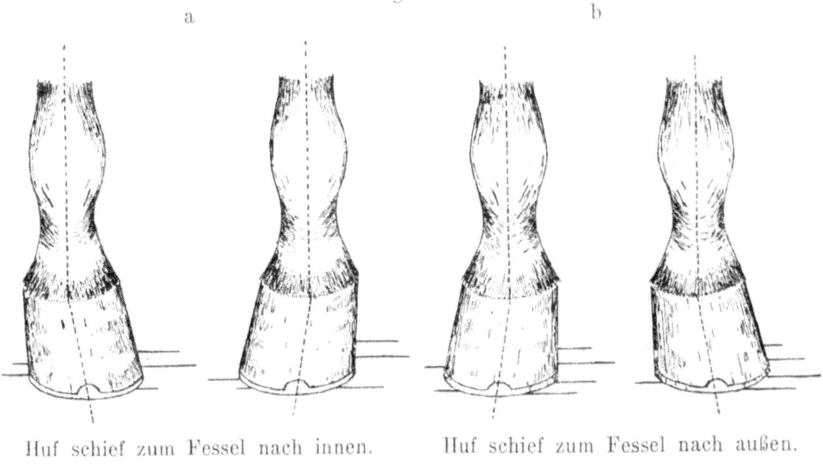

Huf schief zum Fessel nach innen. Huf schief zum Fessel nach außen.

Verläuft die Fessellinie schräger als die Zehenlinie, so ist der Huf für seine Stellung zu stumpf.

Die Trachten sind alsdann zu hoch oder die Zehe ist zu kurz.

Der Huf paßt von vorn gesehen zu seinem Fesselstand, wenn die Halbierungslinie des Fessels, nach unten verlängert, die Mitte der Hufzehe trifft. Weicht die Hufzehe von dieser Linie ab, so steht der Huf schief zum Fessel (Fig. 38 u. 39).

Paßt der Huf von allen Seiten zum Fesselstand, so werden auch alle Teile der oberhalb des Hufes liegenden Gelenke, besonders Kronen- und Fesselgelenk, gleichmäßig belastet und vor Erkrankungen geschützt.

5. Die Abnutzung des Hufes.

Damit der Huf seine gesunde Form behält, muß er mit allen Teilen des Tragerandes gleichzeitig aufgesetzt werden. Man nennt dies plane Fußung.

Der Huf bleibt nach dem Aufsetzen nicht fest auf dem Boden stehen, sondern gleitet noch in der Bewegungsrichtung des Schenkels etwas nach vorn. Man sieht dies deutlich am Abdruck des Hufes auf weichem Boden.

Durch dieses Vorwärtsgleiten nutzt sich der unbeschlagene Huf auf dem Erdboden etwas ab, die Trachten erhalten einen Rückstoß und bleiben dadurch in ihrer parallelen Lage zur Zehe.

Durch den Auftritt (Fußung) des unbeschlagenen, sowie auch des beschlagenen Hufes tritt eine Abnutzung ein, die man Fußungsreibung nennt. Fußt das Pferd plan, so nutzen sich alle Teile gleichmäßig ab; ist ein Wandabschnitt höher, so wird dieser zuerst aufgesetzt und nutzt sich auch mehr ab. Ebenso können zu kurze oder zu enge Eisen eine stärkere Abnutzung eines Eisenschenkels zur Folge haben.

Durch den Abschwung des Schenkels vom Erdboden entsteht an der Zehe des Hufes eine Abnutzung, diese nennt man Abschwungsreibung oder auch Zehenrichtung.

Dieselbe befindet sich meist an der äußeren Zehe, selten in der Mitte und noch seltener an der inneren Zehe.

Bei beschlagenen Hufen tritt noch eine Abnutzung des Hufes auf dem Hufeisen ein, besonders an den Trachten. Veranlaßt wird diese Abnutzung durch die Beweglichkeit des Hufes in seinen hinteren Abschnitten. Am Eisen sieht man blanke Scheuerstellen, oft ganze Vertiefungen an der Tragefläche.

6. Die Kennzeichen eines gesunden Hufes.

1. Bei einem gesunden Hufe verläuft die Hornwand geradlinig vom Kronenrand bis zum Tragerand.

2. Die Wand sieht glatt und glänzend aus und zeigt weder Längs- noch Querrisse. Schwach entwickelte Ringe, die mit der Krone parallel laufen, haben keine Bedeutung.

3. Die Krone senkt sich gleichmäßig von der Zehe über die Seitenteile nach den Trachten, zeigt weder Ein- oder Ausbuchtungen, noch Verlagerungen.

4. Die Ballen sind beide gleichmäßig kräftig entwickelt, die Hufknorpel fühlen sich weich und elastisch an.

5. Die Hornsohle ist gleichmäßig gewölbt und durch die weiße Linie mit der Wand fest verbunden.

6. Die Eckstreben verlaufen geradlinig und werden deutlich von der weißen Linie begrenzt.

7. Der Hornstrahl ist gut entwickelt und liegt mit den Trachten in einer Höhe und Querrichtung.

8. Rote Stellen dürfen im Horn nicht vorhanden sein.

7. Der Hufmechanismus.

Der Huf ist nicht starr und unbeweglich, sondern verändert bei der Be- und Entlastung seine Form, man nennt dies Hufmechanismus.

Folgende Formveränderungen treten ein:

Bei der **Belastung** erweitert sich der Huf in seinen hinteren Abschnitten, am Kronenrande etwas mehr als am Tragerande. Die Erweiterung fängt hinter der weitesten Stelle des Hufes an. Die Größe der Erweiterung ist nach der Hufform verschieden und beträgt höchstens 2—3 mm (Fig. 40).

Fig. 40.

Die Formveränderungen des Hufes.

Vor der weitesten Stelle des Hufes tritt am Kronenrande Verengerung ein, am Tragerand bleibt die Hornwand in Ruhe. Dies ist auch die Stelle, in welche die Hufnägel eingeschlagen werden sollen. Nagelt man zu weit nach hinten, so stellt man den Huf auf dem Eisen fest und hemmt den Hufmechanismus.

Ferner flacht sich bei der Belastung die Sohle etwas ab; die Ballen und der Strahl senken sich um ein Geringes.

Bei der **Entlastung** geht alles in seine frühere Form und Lage zurück.

Damit die Erweiterung und Verengerung des Hufes zustande kommen können, sind ein gesunder, kräftiger Strahl erforderlich, der mit den Trachten in einer Höhe liegt, ferner zwei elastische Hufbeinknorpel und ein gut entwickeltes Strahlpolster.

Die Erweiterung der hinteren Teile des Hufes erfolgt dadurch, daß bei der stärksten Belastung des Schenkels im Momente des Durchtretens im Fessel von oben ein Druck auf das nachgiebige Strahlpolster und von unten ein Druck durch den Erdboden auf den Hornstrahl ausgeübt wird (Fig. 41).

Das Strahlpolster füllt den ganzen hinteren Abschnitt des Hufes aus und liegt mit seinen seitlichen Flächen gegen die innere ausgehöhlte Fläche der Hufbeinknorpel.

Wird das Strahlpolster nun von oben und von unten unter Druck gesetzt, so dehnt es sich nach den Seiten hin

Fig. 41.

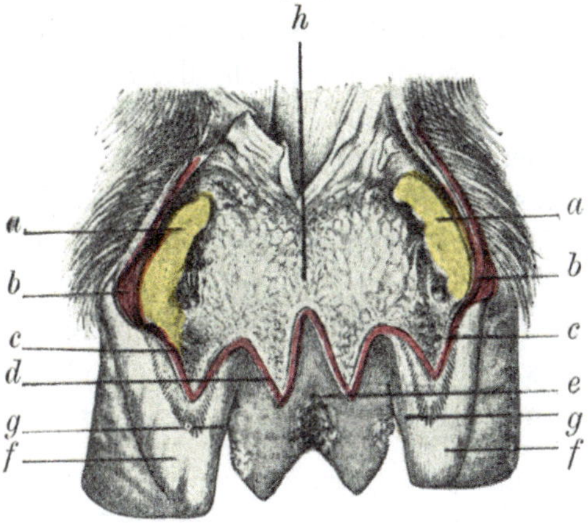

Querschnitt durch den Huf an den Trachten.

a Hufbeinknorpel, *b* Fleischkrone, *c* Fleischwand, *d* Fleischstrahl, *e* Hornstrahl, *f* Hornwand, *g* Hornwandeckstrebe, *h* Strahlpolster.

aus, drückt auf die innere Fläche der Hufbeinknorpel und diese drücken auf die Trachtenwände des Hufes. Dieselben geben dem Drucke nach und der Huf erweitert sich in seinen hinteren Teilen.

Wird der Schenkel nun durch Abschwung vom Erdboden entlastet, so hört damit auch der Druck auf das Strahlpolster von oben und der Gegendruck von unten auf, und es tritt dann im Hufe wieder Verengerung ein.

So wechseln Erweiterung und Verengerung des Hufes beständig bei der Be- und Entlastung des Schenkels.

Wenn es sich bei diesen Vorgängen auch nur um Erweiterungen von Millimetern handelt, so ist dies doch für den Huf von besonderer Bedeutung.

Das Pferd erhält durch die Erweiterungsfähigkeit des Hufes seinen freien, elastischen Gang, der Stoß wird gebrochen und die Gelenke werden dadurch vor allzu heftigen Erschütterungen bewahrt.

Die gleichmäßige Erweiterung und Verengerung des Hufes wirkt fördernd auf den Blutlauf im Hufe und damit auch auf das Wachstum des Hufhorns.

An unbeschlagenen Hufen geht der Hufmechanismus am besten vor sich, weil dann der Gegendruck vom Erdboden leichter auf den Hornstrahl wirken kann.

Schon das einfache Eisen, besonders aber das Stolleneisen entfernt den Strahl vom Erdboden und behindert dadurch den Hufmechanismus.

Der denkende Beschlagschmied muß den Hufbeschlag stets so einrichten, daß der Huf in seiner Beweglichkeit nicht gehindert wird.

B. Praktischer Teil.

I. Abschnitt.

1. Die Beschlagschmiede und das Handwerkzeug.

In der Schmiede muß stets auf Ordnung und Reinlichkeit gesehen werden.

Wöchentlich mindestens einmal ist gründlich zu reinigen und sind die Fenster zu putzen.

Gutes Licht ist bei Ausführung jeder Arbeit unbedingt erforderlich.

Schmieren der Blasebälge, Einfetten des Leders derselben, Nachsehen der Schmiedeessen muß ebenfalls häufiger erfolgen.

Ein besonderer Wert muß auf die gute Beschaffenheit des Ambosses und der Handwerkzeuge gelegt werden. Nur dann ist der Schmied auch imstande, gute Eisen zu machen und den Beschlag richtig auszuführen.

Beim Einkauf von Werkzeug und Schmiedematerial nehme man nur das Beste. Beim Gebrauch wird sich herausstellen, daß dies sich durch seine Dauerhaftigkeit bezahlt macht.

2. Die Rohmaterialien.

a) Das Eisen.

Das Eisen, aus welchem man die Hufeisen anfertigt, wird aus den Eisenerzen gewonnen. Es enthält verschieden große Mengen von fremden Bestandteilen, durch welche die Güte beeinflußt wird. Der wichtigste Bestandteil ist der Kohlenstoff.

Man teilt das Eisen ein in Roheisen mit 2,3 %—2,5 % Kohlenstoff und Schmiedeeisen mit 0,2 %—0,5 % Kohlenstoff.

Nur das Schmiedeeisen kommt für den Schmied in Betracht.

Man teilt es ein in:

a) Schweißeisen,
leicht zu schweißen, weich, sehnig auf dem Bruch;

b) Flußeisen,
schwer zu schweißen, fest und hart, körnig auf dem Bruch.

Das **Schweißeisen** kommt in Form von Hufstab zur Anwendung.

Der Bruch soll stark sehnig sein, ein inniges Gefüge haben und keine schwarzen Stellen zeigen.

Der Hufstab ist entweder geschmiedet oder gewalzt, der geschmiedete ist härter und teurer.

Gutes Stabeisen darf an seiner Oberfläche keine Längsrisse und in seinem Gefüge keine Querrisse zeigen. Die Prüfung geschieht am besten durch Biegen, Schmieden usw. Gutes Schmiedeeisen darf weder im kalten noch im warmen Zustande brechen.

Feinkorneisen enthält am meisten Kohlenstoff (0,5 %). Es ist härter, nicht sehnig auf dem Bruch, sondern körnig und findet für Eisen Verwendung, von denen man besondere Haltbarkeit erwartet, z. B. bei einseitiger starker Abnutzung eines Hufeisens infolge schiefen Auftritts.

Das **Flußeisen** eignete sich bis jetzt wegen seiner schweren Schweißbarkeit nicht gut zur Anfertigung von Hufeisen.

Nach einem neueren Verfahren (Siemens-Martin) hat man die Schweißfähigkeit erhöht, und eignet sich der aus Flußeisen hergestellte Hufstab wegen seiner Billigkeit und besonderen Haltbarkeit gut zur Anfertigung von Hufeisen. Etwas Vorsicht verlangt dieser Hufstab bei der Bearbeitung, da er leichter verbrennt.

Durch Ausschweißen alter Hufeisen erhält man Hufstäbe, aus denen sich Eisen mit guter Haltbarkeit herstellen lassen.

b) Der Stahl.

Stahl ist kohlenstoffreiches Schmiedeeisen mit 0,6—1,5 % Kohlenstoff.

Er hat eine weißgraue Farbe, einen körnigen Bruch, läßt sich härten, ist schmied- und schweißbar und besitzt eine hohe Politurfähigkeit.

Weicher Stahl ist grobkörnig, harter feinkörnig. Je feinkörniger der Stahl, um so mehr Kohlenstoff enthält er.

Zum Griffen von Eisen nimmt man grobkörnigen, weichen Stahl, zur Anfertigung von Werkzeugen feineren, härteren Stahl und für bohrende Werkzeuge, z. B. Gewindebohrer, sehr feinkörnigen, sog. Tiegelstahl.

Guter Stahl darf nicht schuppig und rissig sein; gut gehärteten Stahl soll eine Feile nicht angreifen.

Beim Einkaufen von Stahl sei man vorsichtig; die Güte ist äußerlich nicht zu sehen. Nur Probieren schützt vor Täuschung.

c) Die Kohlen.

Die für die Schmiedeessen brauchbaren Kohlen sollen von tiefschwarzer Farbe, fest gefügt und glänzend sein, sich leicht entzünden, eine starke Backfähigkeit haben und nur wenig Asche hinterlassen. Von den deutschen Kohlen sind die sog. Nußkohlen für die Schmiedefeuer die geeignetsten. Die Körnung der Kohle richtet sich nach der Esse und dem Gebläse.

3. Das Hufeisen.

Man unterscheidet am Hufeisen:

1. einen inneren und einen äußeren Schenkel,

2. einen Zehenteil, die beiden Seitenteile und die beiden Schenkelenden,

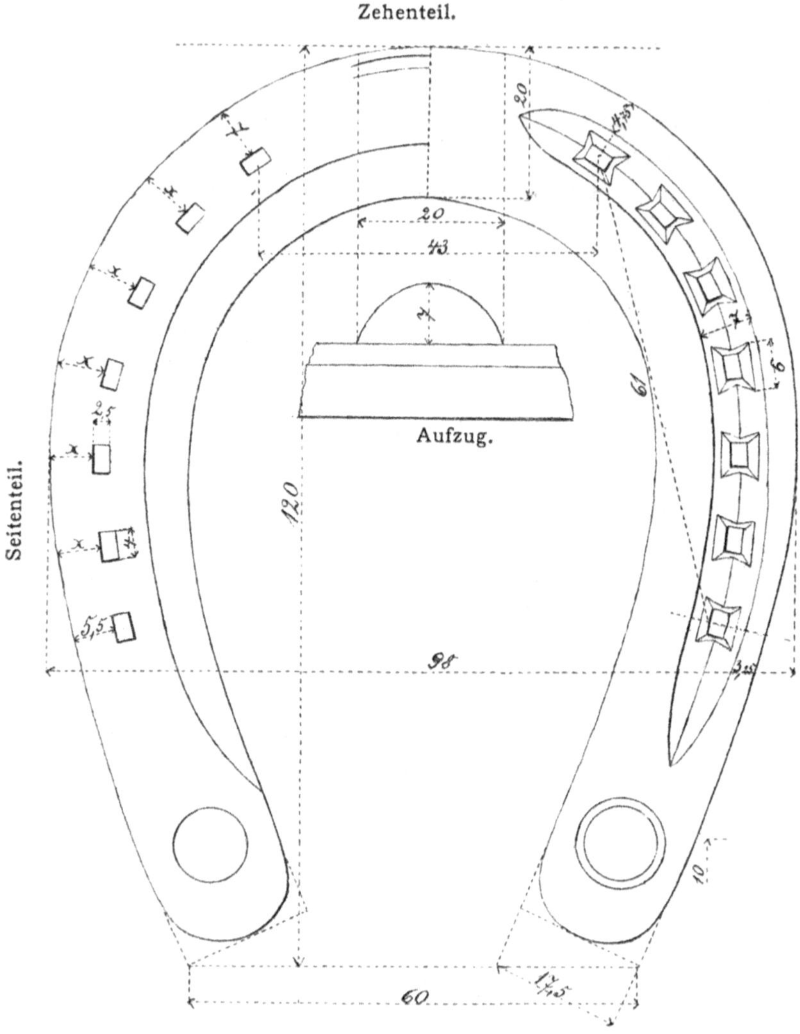

Vordereisen Nr. 1.

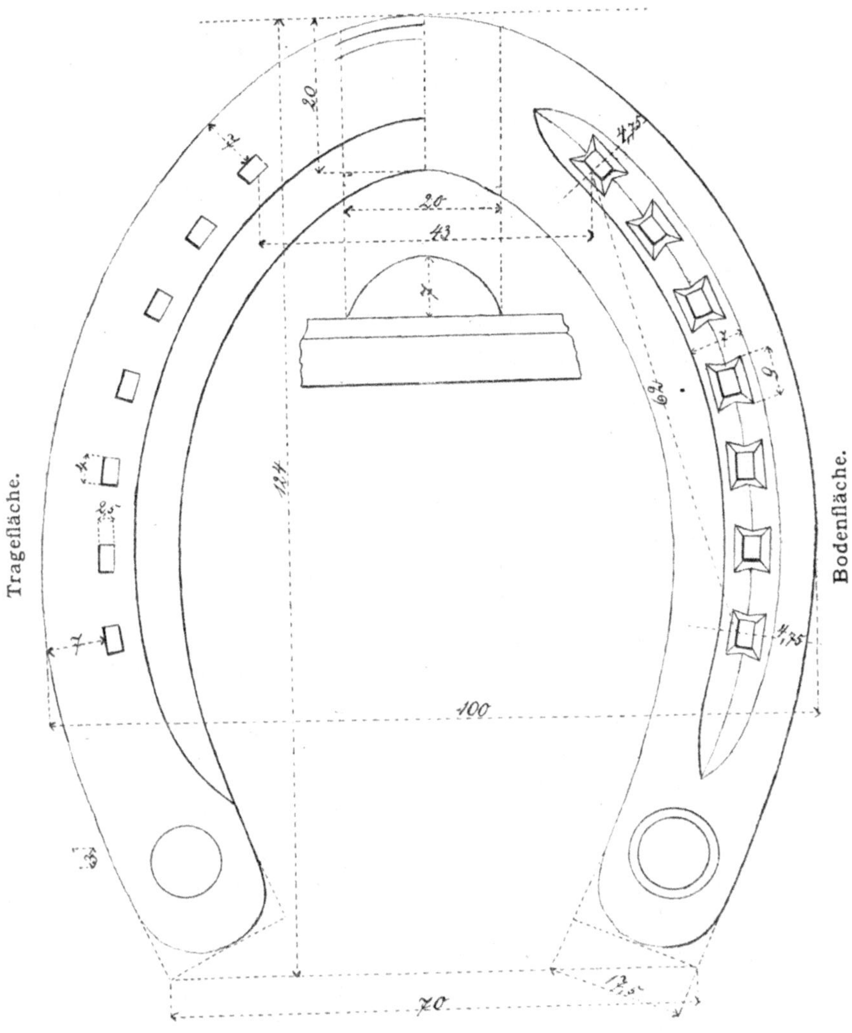

Hintereisen Nr. 1.

3. einen inneren und einen äußeren Rand,

4. eine obere oder Tragefläche und eine untere oder Bodenfläche.

In der Armee sind je nach der Größe der Hufe 11 Nummern von Hufeisen vorrätig; für die schweren Pferde der Bespannungsabteilungen kommen noch 4 Größennummern hinzu.

Die Eisen werden in Vorder- und Hintereisen getrennt auf den Kammern vorrätig gehalten (Vorrats- oder Kammereisen). (Siehe S. 44 u. 45.)

Für die einzelnen Größennummern sind bestimmte Abmessungen vorgeschrieben.

Die wichtigsten Maße von Eisen Nr. 1, dem kleinsten, bis Eisen Nr. 11, dem größten, sind folgende:

1.	Breite an der Zehe . .	20—30 mm	
2.	Breite am Schenkelende	17,5—19,5 „	
3.	Falz vom äußeren Rande entfernt beim Vordereisen	4,75—7,25 „	an der Zehe,
		3,25—5,25 „	am Schenkelende
4.	Falz vom äußeren Rande entfernt beim Hintereisen	4,75—6,25 „	an der Zehe und am Schenkelende
5.	Auseinanderstellung der Schenkelenden		
	beim Vordereisen	60— 80 mm	
	beim Hintereisen	70—100 „	
6.	Länge des Vordereisens	120—180 „	
	„ „ Hintereisens	124—188 „	

Die Abmessungen 3—6 sind gewählt nach der verschiedenen Dicke der Hornwand und mit Rücksicht auf die verschiedene Form der Vorder- und Hinterhufe.

7.	Die Höhe des Aufzuges schwankt zwischen	7—12 mm
	Die Breite „ „ „ „	20—30 „
	Die Dicke „ Eisens „ „	10—14 „
	Die Breite „ Falzes „ „	7—8 „
	Die Tiefe „ „ „ „	3—4,5 „

Die Zahl der Nagellöcher bei Nr.	1—2	7	in jedem Schenkel
„ „ „ „ „ „	3—5	8	„ „ „
„ „ „ „ „ „	6—9	9	„ „ „
„ „ „ „ „ „	10—11	10	„ „ „

Die vielen Nagellöcher gewähren den Vorteil, die Hufnägel beliebig nach der Beschaffenheit der Hornwand einschlagen zu können.

In den Privatschmieden werden meist in jeden Eisenschenkel nur 3—4 Löcher gemacht.

4. Die Eigenschaften der Hufeisen.

Beim Schmieden der Eisen muß der Schmied bedacht sein, denselben stets die Form der gesunden Hufe zu geben. Das Eisen für den Vorderhuf muß daher rund, dasjenige für den Hinterhuf spitzrund sein.

Das Hufeisen soll an der Zehe am breitesten sein, weil es sich durch das Anlaufen der Zehenrichtung hier auch am meisten abnutzt.

Nutzen sich Teile am Eisen durch ungleichen Auftritt mehr ab, so macht man beim Neubeschlagen das Eisen an der Stelle etwas breiter, nie aber dicker. Hufe mit flach gewölbten Sohlen erfordern etwas breitere Eisen.

Die Eisen müssen in der Regel überall gleichmäßig dick sein. Bei engen, schnell wachsenden Hufen macht man die Eisen etwas dünner; bei weiten, langsam wachsenden Hufen dagegen dicker.

Läßt sich durch die Beschneidung kein planer Auftritt erzielen, so kann man es durch ungleiche Dicke am Eisen erreichen.

Fußt z. B. ein Pferd mit der äußeren Seite früher als mit der inneren, kann man aber an der äußeren Seite kein Horn mehr fortnehmen, so muß zur Erreichung eines planen Auftritts der innere Eisenschenkel dicker geschmiedet werden.

Die **Tragefläche** zerfällt bei dem Vorratseisen in den

Tragerand und die Abdachung. Ersterer ist $^2/_3$, letztere $^1/_3$ der Breite des Eisens (siehe S. 44 u. 45).

Um die Hufe in ihrer gesunden Form zu erhalten und die Hornwand gut zu stützen, wird der Tragerand beim Richten des Eisens für den Huf nach dem Verlauf der Hornwand umgeformt.

Steht die Wand **steil,** bleibt der Tragerand des Hufeisens **wagerecht,** steht dieselbe **schräg** nach **außen,** fällt der Tragerand von **außen** nach **innen** ab; hat die Wand eine Neigung nach **innen,** wie die Trachtenwände beim engen Huf, so fällt der Tragerand nach **außen** ab (Fig. 42).

Fig. 42.

Kammereisen. Eisen für den weiten Huf. Eisen für den engen Huf. Wandneigung nach innen.

Querschnitte von Eisen.
a = außen, *i* = innen.

Die **Abdachung** wird gemacht, damit das Eisen nicht auf die Sohle zu liegen kommt.

Die **Bodenfläche** des Eisens ist wagerecht.

Am Vorderhufeisen wird die Zehenrichtung angebracht; am Hinterhufeisen nur dann, wenn sich das Pferd am alten Eisen eine Zehenrichtung angelaufen hat; alsdann müssen stets auch Stollen zur Anwendung kommen.

Um schwere Eisen leichter zu machen, wird oft die Bodenfläche ausgehauen, ebenso bei Eisen für Rennpferde.

Die **Ränder** des Eisens sind beim Vorratseisen senkrecht. Beim Gebrauchseisen ist der äußere Rand je nach der Hufform verschieden.

Soll ein Huf eine **breitere Stützfläche** erhalten, **so rändert man das Eisen bodenweit** (Fig. 43); soll die Stützfläche **verkleinert** werden, so wird die Ränderung **bodeneng.**

An der inneren Zehe ist das Eisen stets bodeneng zu halten, um ein Streichen zu verhindern.

Fig. 43.

senkrechte bodenenge bodenweite
Ränderung der Eisen.
a = außen.

Die den Huf seitlich überragenden Teile am Schenkelende sind bodenweit zu rändern.

Der innere Rand fällt senkrecht ab.

Der **Falz** ist die Führungslinie für die anzulegenden Nagellöcher.

Er hat zwei schräge Flächen, um das Ansetzen der Hufnägel zu erleichtern. Der Falz ist mindestens $^1/_3$ der Eisendicke tief; $1^1/_2$ Eisenbreite bleiben an der Zehe ohne Falz, ebenso 3—5 cm der Schenkelenden.

Die Gesenke der Nagellöcher haben die Form des Kopfes vom Hufnagel und dringen so tief in das Eisen, daß noch ein guter Nagelkanal bleibt. In letzterem soll die Klinge des Hufnagels überall Fühlung finden; dadurch wird wesentlich das Festliegen der Eisen bedingt.

Der Nagelkanal muß daher im Querschnitt die Form der Hufnagelklinge haben.

Die Richtung der Nagelkanäle ist nach dem Verlauf der Hornwand verschieden.

Die Zehenlöcher müssen schräg nach innen, die Seitenlöcher senkrecht und die Trachtenlöcher etwas nach außen stehen. Wenn die Nagellöcher dort nach innen stehen, wo es der Verlauf der Wand nicht erfordert, so ist das Eisen verlocht.

Unter „Tiefe“ der Nagellöcher versteht man die Entfernung der Löcher vom äußeren Rande des Eisens. **Die Tiefe muß der Dicke der Hornwand entsprechen.**

Im Vordereisen befinden sich die Nagellöcher mehr nach vorn, im Hintereisen mehr nach hinten. Durch gut gelochte Eisen beugt der Schmied am besten einer Vernagelung vor und verhindert das so lästige Lockerwerden der Eisen.

Der **Aufzug** dient dazu, dem Eisen auf dem Hufe Halt zu geben und muß dementsprechend stark sein. Er ist meist so hoch, wie das Eisen dick ist. Man unterscheidet Zehen-, Seiten-, Eckstreben- und Trachtenaufzüge.

Seitenaufzüge sollen das Verschieben der Eisen verhindern; werden sie an der äußeren Seite angebracht, so sollen sie dicht vor der weitesten Stelle des Hufes sitzen.

Die Schraubstollenlöcher müssen, 1 cm vom Ende des Eisenschenkels entfernt, genau in der Mitte sitzen und senkrecht durch das Eisen gehen. Ferner muß das Gewinde gut ausgeschnitten sein und die richtige Weite haben. Das Versenk muß ausreichend tief sein.

5. Das Schmieden der Eisen.

Man schmiedet den Hufstab so, daß die für den äußeren Rand des Hufeisens bestimmte Kante dicker bleibt. Nach dem Biegen, Falzen und Lochen ist dann das Eisen gleichmäßig dick.

Nun zeichnet man sich die Mitte an und erwärmt das Eisen. Will man ein Vordereisen anfertigen, so biegt man den Stab, am Ende anfangend, halbkreisförmig und schlägt dann an den inneren Rand die Abdachung. 3—5 cm vom Schenkelende anfangend, falzt man so, daß der Falzhammer stets senkrecht gehalten wird und bis reichlich $^1/_3$ der Eisendicke eindringt. An der Zehe bleiben $1^1/_2$ Eisenbreite ohne Falz. Dann locht man mit dem Hufstempel vor und mit dem Spitzhammer durch, schmiedet glatt und bringt die Nagellöcher mit dem Lochdorn von der Tragefläche des

Eisens auf die richtige Weite. Den anderen Schenkel schmiedet man ebenso, nur beginnt das Falzen am Zehenteil.

Bei Anfertigung eines Hintereisens beginnt man mit dem Biegen des Schenkels in der Mitte des Stabes und biegt ihn mehr spitzrund.

Bei Anlegen der Nagelkanäle denkt man an die verschiedene Dicke der Hornwand bei Vorder- und Hinterhufen.

Mit dem Handhammer wird dann der Zehenaufzug angezogen.

6. Die einzelnen Arten der Eisen.

1. Das Stolleneisen.

Der Stollen wird entweder angewickelt oder angestaucht, die angestauchten brechen leichter ab.

Derselbe soll für gewöhnlich so hoch sein, wie das Eisen dick ist, er muß senkrecht stehen; eine Linie aus der Mitte des Stollens soll auf das 3. Nagelloch gerichtet sein. Die Kanten müssen leicht gebrochen werden, vordere und hintere Fläche sollen parallel laufen (Fig. 44).

Fig. 44.

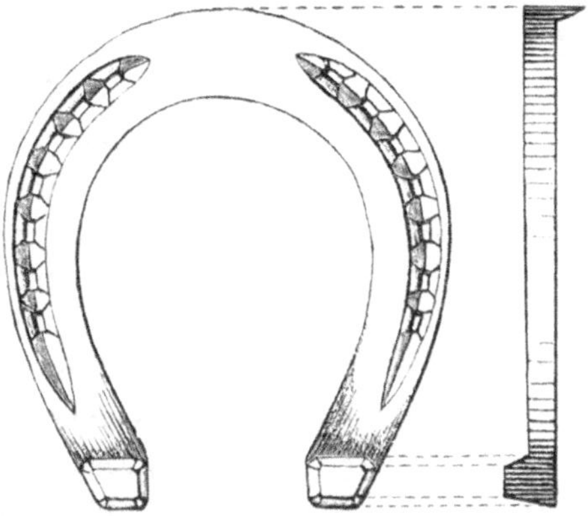

Stolleneisen.

Stollen werden angewandt:

a) Um den Pferden auf dem Pflaster mehr Halt zu geben und den Abschwung des Hufes vom Boden zu erleichtern.

b) Beim Griffeisen.
c) Beim Hintereisen mit Zehenrichtung.
d) Wenn der Huf für die Stellung zu spitz ist und durch Beschneidung infolge Hornmangels nicht stumpfer gemacht werden kann.
e) In Verbindung mit einem geschlossenen Eisen, wenn der Strahl tiefer liegt als die Trachten.
f) Bei Krankheiten der Gelenke und Sehnen (Schale, Spat, chronische Hufgelenksentzündung).

2. Das Griffeisen.

Man schweißt in den Zehenteil ein Stück Stahl ein, der Griff darf nicht höher sein als das Eisen dick ist; stets müssen gleichzeitig am Eisen Stollen sein, die höher als der Griff sind.

Auf Griffeisen haben die Pferde eine schlechte Stützfläche, weil nur drei Punkte stützen, es treten dadurch leicht Verstauchungen der Gelenke und Zerrungen an den Gelenkbändern ein.

Den Beschlag mit Griffeisen muß man daher nur im Notfall anwenden, z. B. bei schweren Arbeitspferden an den Hinterfüßen. Vordereisen sollten nie mit Griffen versehen werden, da das Anlaufen der Zehenrichtung durch dieselben sehr erschwert wird.

3. Die Streicheisen.

a) Das Vorderstreicheisen.

Fig. 45.

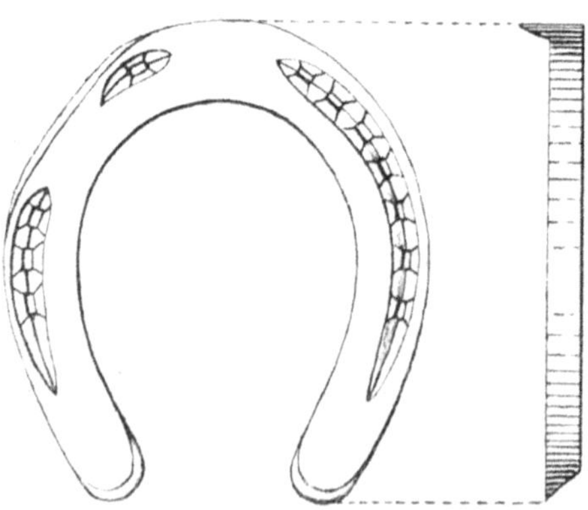

Vorderstreicheisen.

Dasselbe ist an der Stelle, mit welcher sich das Pferd streicht, eingezogen, ohne Falz und Nagelloch und stark bodeneng (Fig. 45).

b) Das Hinterstreicheisen.

Der innere Schenkel ist bodeneng geschmiedet, vom letzten Nagelloch an seitlich zusammengedrückt, so daß er so hoch wird wie der äußere Stollenschenkel. Der Streichschenkel muß flacher gelocht sein, da er enger gerichtet wird. Beide Streichschenkel müssen gleich schwer sein (Fig. 46).

4. Die Greifeisen.

a) Das Vordergreifeisen.

Dasselbe ist ein Vordereisen, an dessen Bodenfläche sich eine Abdachung befindet. Die Schenkelenden sind stark bodeneng (Fig. 47).

Fig. 46.

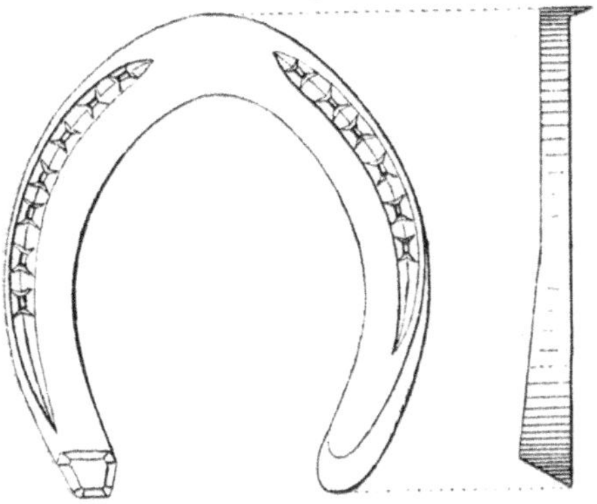

Hinterstreicheisen.

Fig. 47.

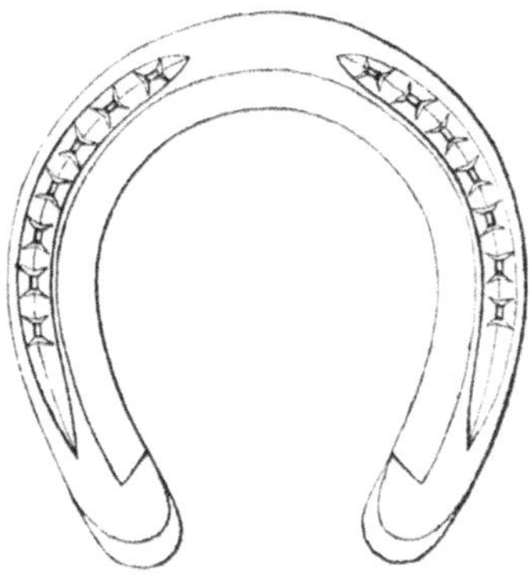

Vordergreifeisen.

b) Das Hintergreifeisen.

Der Zehenteil verläuft gerade und ist stark bodeneng, an der Zehe befinden sich zwei seitliche Zehenaufzüge (Fig. 48). Mit Stollen und Zehenrichtung findet es bei der Spatlahmheit Anwendung.

5. Das geschlossene Hufeisen.

Die Schenkelenden sind durch einen Steg verbunden. Derselbe hat ebenso wie das Eisen eine Trage- und eine Bodenfläche. An der Tragefläche befindet sich eine der Form des Strahles entsprechende Abdachung, die nach hinten stärker wird. Die Bodenfläche ist meist wagerecht. Liegt der Strahl tiefer als die Trachten, so wird der Steg durchgerichtet, alsdann müssen am Eisen Stollen angebracht werden.

Der hintere Rand des Steges ist gerade, der vordere zungenartig ausgezogen, damit der Strahl eine möglichst große Berührungsfläche mit dem Stege hat. Die obere Kante dieses Randes ist gebrochen (Fig. 49).

Das geschlossene Eisen findet bei vielen Hufkrankheiten Verwendung und hat folgende Vorzüge:

a) Es zieht den Strahl mit zum Tragen heran, dadurch können Teile der Hornwand, die empfindlich und schwach sind, entlastet werden.

Fig. 48.

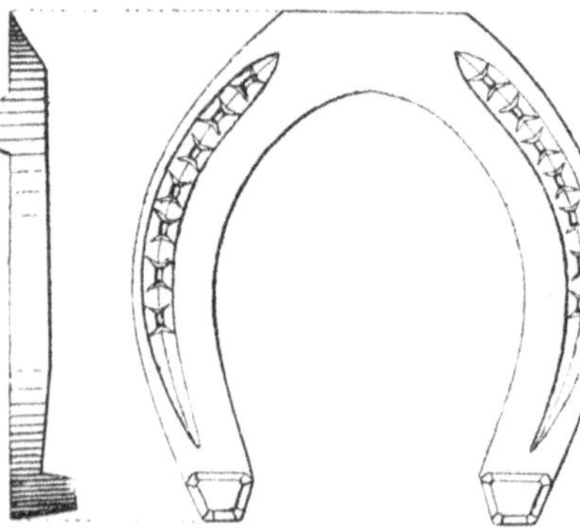

Hintergreifeisen.

Fig. 49.

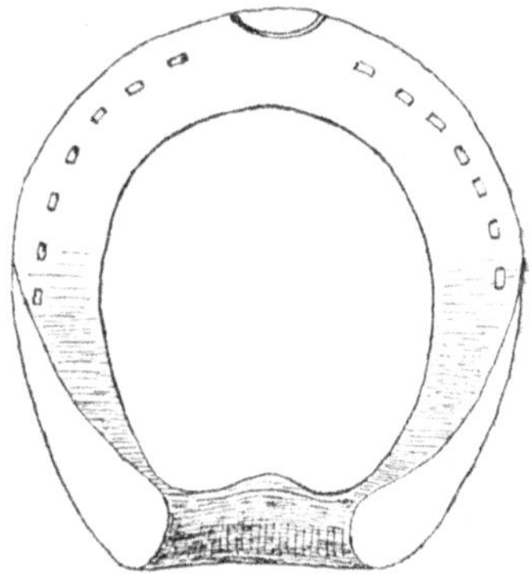

Geschlossenes Eisen.

b) Es verbiegt sich nicht und bedeckt einen größeren Teil der unteren Fläche des Hufes; deshalb kann man es anwenden bei schwachen Trachten, flach gewölbten Sohlen, dünnen Hornwänden.

c) Man kann eine kranke Tracht schweben lassen, wenn der angrenzende Teil des Strahles auf dem Stege eine Stütze findet (bei Steingallen).

d) Man kann einen Strahl, der tiefer liegt als die Trachten, allmählich wieder in seine natürliche Lage zurückbringen.

Das geschlossene Eisen kann nur dann mit Erfolg Anwendung finden, wenn der Strahl gesund und kräftig entwickelt ist. Zwischen Strahl und Steg muß sich eine kleine Schwebe befinden, damit der Strahl nur bei der Belastung aufliegt.

6. Halbmond- und Dreivierteleisen.

Das halbmondförmige Eisen ist ohne Falz, kürzer und dünner als das gewöhnliche Eisen, hat 4 Stempellöcher und eine Abdachung an der Bodenfläche. Die Schenkelenden sind abgeschärft (Fig. 50).

Fig. 50.

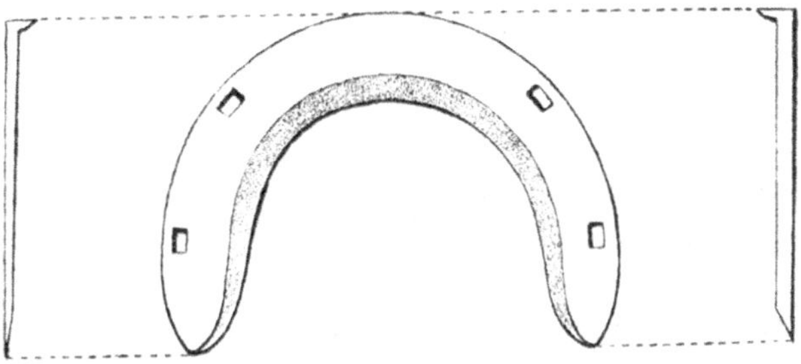

Halbmondeisen.

Das Eisen bedeckt nur die Zehe, schützt diese vor zu starker Abnutzuug und läßt den hinteren Teilen des Hufes die Vorzüge des Barfußgehens zugute kommen. Der Beschlag mit solchen Eisen erfordert **viel Horn** und **hohe Trachten,** da die **Halbmonde** in den Tragerand des Hufes **eingelassen** werden.

Anwendung finden diese Eisen besonders bei jungen Pferden als erster Beschlag, ferner bei Hufkrankheiten, wie Strahlfäule, Steingallen, Hornspalten, Zwanghufen.

Die Dreivierteleisen kommen besonders bei einseitig kranken Hufen, z. B. bodenengen, bodenweiten und diagonalen Hufen, zur Anwen-

Fig. 51.

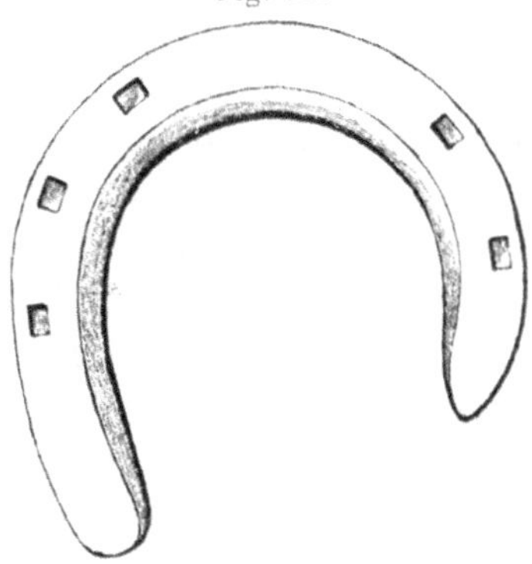

Dreivierteleisen.

dung, indem man den **halben Schenkel** stets auf die **steile Seite** des Hufes legt. Im übrigen gilt das beim Halbmondeisen Angeführte (Fig. 51).

7. Die Fabrikeisen.

In der neueren Zeit ist die Technik in der Anfertigung von Fabrikeisen sehr fortgeschritten. Man erhält von den Fabriken Eisen, getrennt in Vorder- und Hintereisen, die gut gefalzt und leidlich gelocht sind. In großen Hufbeschlagschmieden wird der Verbrauch von Fabrikeisen wohl nicht mehr zu umgehen sein.

Ein gut geschmiedetes Eisen ist einem Fabrikeisen stets vorzuziehen.

Von den Fabrikeisen sind in den Großstädten besonders die Strickeisen iu Gebrauch.

Sie verhindern das Ausgleiten auf glatten asphaltierten Straßen.

Da die Strickeisen sich nicht so genau anpassen und richten lassen wie geschmiedete Eisen, so eignen sie sich meist nur für gesunde Hufe. Man hat Strickeisen mit und ohne Steg. Ist der Nagelkanal bei diesen Eisen nieht gut, so lockern dieselben sich leicht. Diejenigen Strickeisen sind vorzuziehen, die durch aufgelegte Querrippen ungefähr einen Nagelkanal haben wie ein geschmiedetes Eisen.

7. Der Winterbeschlag.

Um das Ausgleiten zu verhüten, kommen im Winter bei Schnee und Glatteis die Schärfvorrichtungen zur Anwendung.

Folgende Vorrichtungen sind in Gebrauch:

1. Die Eisnägel.

Dieselben sind eine Notschärfe und können nur bei einer gleichmäßigen Schneedecke gebraucht werden. Bei Glatteis läuft sich die Schärfe schnell ab. Die Eisnägel werden meist an Stelle der Zehennägel geschlagen.

2. Die Schraubstollen.

Diese sind die besten Schärfvorrichtungen für den Winter.

Man unterscheidet:

a) Den Meißelstollen.

Derselbe hat für die Armee den Vorzug, daß er mit vorschriftsmäßigen Handwerkzeugen, die im Kriege in den Feldschmieden mitgeführt werden, jederzeit selbst angefertigt werden kann (Fig. 52 u. 53).

Fig. 52. Fig. 53.

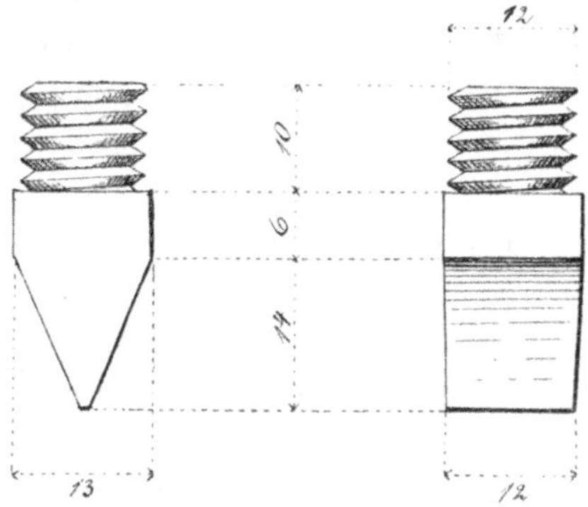

Schraubstollen.

Wichtig ist, daß die Stollen in den Schraubstollenlöchern festsitzen. Dies ist nur zu erreichen, wenn die Gewinde im Schraubstollenloch gut ausgeschnitten sind und das Gewinde des Stollens in dieses Muttergewinde paßt.

Für die Truppe ist das 12 mm-Gewinde eingeführt. Die Werkzeuge, mit denen die Schraubstollen und die Schraubstollenlöcher in den Eisenschenkeln hergestellt werden, müssen genau den Vorschriften entsprechen und aus bestem Material angefertigt sein. Nur dadurch ist es zu erreichen, daß alle Stollen passen.

Die Herstellung des Schraubstollenloches im Eisenschenkel erfolgt mit dem Lochhammer, dem Versenkhammer, dem Dorn und dem Gewindebohrer. Da die Bohrer beim Gebrauch sich etwas abnutzen, so nimmt man sie aus praktischen Gründen etwas stärker als 12 mm, etwa 12,1 mm (Fig. 54 u. 55). Die geschnittenen Löcher haben dann meist 12 mm im Durchmesser und nehmen den Stollen gut auf. Zweckmäßig schneidet man mit einem schon etwas abgenutzten Bohrer vor und mit einem neuen nach. Der Gewindebohrer muß aus bestem Tiegelgußstahl hergestellt sein und die vorgeschriebenen Abmessungen haben.

Fig. 54.

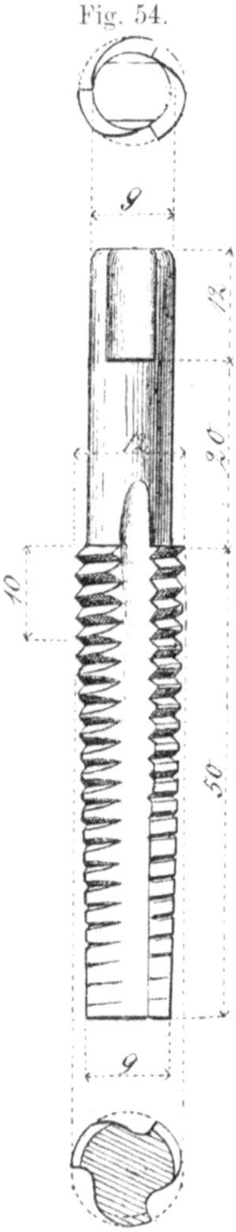

Gewindebohrer.

Bei der Truppe muß der Beschlagschmied Schraubstollen selbst anfertigen können. Hierzu braucht er die Schlichtleere, den Schlichthammer, den Gewindeschneider, das Windeeisen und 13 mm □ starken Stahlstab. Derselbe wird weißwarm gemacht und dann mit dem Handhammer auf der vorderen Amboßkante kurz zugeschärft. Hierauf wird der Stab in die Schlichtleere gelegt, so daß die Schneide an dem vorderen Blatt der Leere anliegt. Mit dem Schlichthammer wird nun bei andauerndem Drehen des Stabes der Zapfen abgeschlichtet, dann die Schneide noch etwas nachgeschärft und nun der Stollen am Zapfen mit einem scharfen Schrotbeil abgehauen. Den Stollen läßt man abkühlen und schneidet dann mit dem Gewindeschneider das Gewinde an. Bei einiger Uebung ist es nicht schwer, in kurzer Zeit passende Schraubstollen anzufertigen.

Fig. 55.

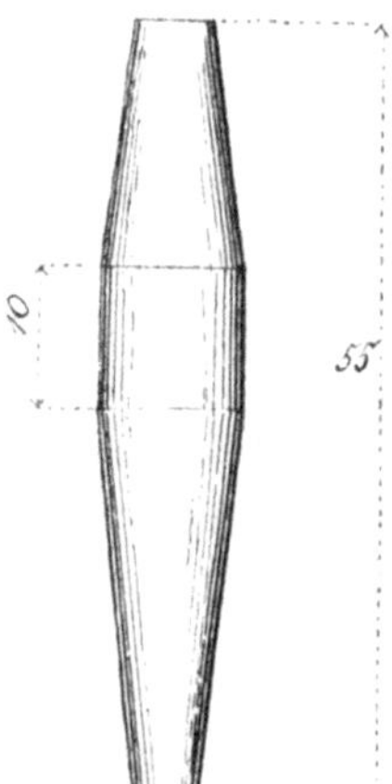

Dorn.

Der Schraubstollen paßt, wenn die ersten Gewindegänge desselben sich saugend in das Muttergewinde eindrehen lassen und der Stollen dann unter Anwendung des Schraubenschlüssels einen festen Sitz erhält.

Der Schraubstollen muss stets senkrecht stehen, da er sonst leicht abbricht. Das Loch im Eisenschenkel muß genau in der Mitte sitzen, ungefähr 1 cm vom Schenkelende entfernt und muß an der Bodenfläche ein Versenk haben, damit die Schultern des Stollens gut aufliegen und das Eindrehen der Stollen im abgenutzten Eisen erleichtert wird. Stumpf gewordene Stollen werden mit der Hohlmaulzange erfaßt, im Feuer erwärmt und, wie die Abbildung angibt, nachgeschärft (Fig. 56).

Fig. 56.

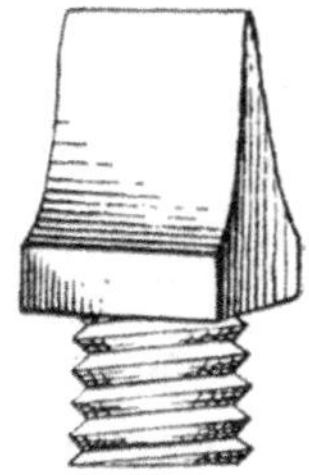

Schraubstollen nachgeschärft.

b) Den Profilstollen.

Derselbe soll beim Gebrauch scharf bleiben und die Gefährlichkeit der Kronentritte mildern. Man hat **H-, Z-, Y-**, Winkel- und Hohlkehlstollen.

Die Profilstollen können nicht von den Schmieden selbst angefertigt werden.

In den Privatschmieden werden alle Schraubstollen aus den Fabriken bezogen und dann in rotwarmem Zustande durch Einstecken in nassen Sand am Kopf gehärtet.

Die Gewindebohrer sind in den Abmessungen nach engl. Zoll vorhanden. Meist braucht man $^1/_2$ Zoll engl. Whitworth-Gewinde, ungefähr 12,7 mm.

3. Auswechselbare Steckgriffe.

Dieselben kommen besonders bei den Hintereisen zur Anwendung. Die Eisen sind an der Zehe etwas dicker. Die Herstellung der Steckgriffeisen erfordert besondere Geschicklichkeit. Das Steckgriffloch muß von der Boden- zur Tragefläche etwas enger werden, konisch verlaufen; es muß etwas kleiner sein als der Griffzapfen selbst, damit letzterer festsitzt.

Man hat Steckgriffe mit folgenden Formen:

II. Abschnitt.

Die Ausführung des Beschlages.

1. Die Beurteilung des Pferdes.

Damit der Hufbeschlag sachgemäß ausgeführt werden kann, ist zuvor eine Beurteilung des Pferdes mit Rücksicht auf den Gebrauchszweck, auf die Stellung, die Hufform und den alten Beschlag nötig.

Folgende Reihenfolge hat sich hierbei praktisch bewährt.

Man besichtigt:

A. Das auf ebenem Boden stehende Pferd.

1. **Von der Seite.**
   a) Stellung der Gliedmaße.
   b) Paßt der Huf zur Stellung.
   c) Hufform (ob gesund oder krank).
   d) Größe der Hufe zur Größe des Pferdes und zu einander.
   e) Das Hufeisen (Länge desselben, Nagelung).
2. **Von vorn.**
   a) Stellung der Gliedmaße.
   b) Paßt der Huf zur Stellung.
   c) Form der Hufe (ob gesund oder krank).
   d) Größe der Hufe zu einander.
   e) Das Hufeisen (Weite, Zehenrichtung, Aufzug).
3. **Von hinten.**
   a) Paßt der Huf zur Stellung.
   b) Verlauf der Trachtenwände, Lage der Ballen.
   c) Weite des Eisens.
   d) Streichwunden und Streichballen.

B. Das auf ebenem Boden gehende Pferd.

a) Ob Lahmheit vorhanden.
b) Auftritt, Bewegung der Schenkel.
c) Schritthöhe und Schrittlänge.

C. Den Huf von unten und das Eisen.

1. **Den Huf.**
   a) Hufform, Wölbung der Sohle, totes Horn.

b) Verlauf und Höhe der Eckstreben.
c) Lage des Strahles zu den Trachten.
d) Hufknorpel (ob elastisch).

2. Das Eisen.

a) Form desselben.
b) Breite, Dicke, Weite, Länge und Ränderung.
c) Zehenrichtung und Abnutzung.
d) Verteilung der Nägel.

2. Das Aufhalten der Pferde zum Beschlagen.

Bevor der Beschlagschmied mit dem Aufhalten des Pferdes beginnt, überzeugt er sich, ob es eine gute Halfter aufhat, nicht

Fig. 57.

zu kurz angebunden ist und ob sich diese Befestigung leicht lösen läßt.

Dann trete er ruhig an das Pferd heran, klopfe es mit der Hand und zeige sich stets als ein Freund des Pferdes.

Junge Tiere müssen sich erst an das Beschlagen gewöhnen. Hier ist große Ruhe und Besonnenheit nötig. Wenn die jungen Pferde in der Schmiede durch rohe Behandlung verdorben werden, sind denselben später nur mit Zwangsmitteln Eisen aufzuschlagen. Das Beschlagen wird alsdann Schmied und Pferd zum Schrecken.

Der Schmied versuche, die Füße des Pferdes möglichst allein hochzuhalten, besonders gilt dies von den Vorderfüßen. Alle zum Beschlagen nötigen Handgriffe sind bequemer aus-

Fig. 58

zuführen. Auch bei den Hinterfüßen gelingt das Selbsthochhalten fast immer.

In welcher Weise es zu erfolgen hat, zeigen die Abbildungen (Fig. 57 u. 58).

Junge Pferde hält man nicht zu lange hoch, es stellt sich sonst leicht Unruhe ein.

Alten und steifen Pferden hebt man die Füße nicht zu hoch, praktisch läßt man die Tiere sich gegen eine Wand stützen. Oft stehen steife Pferde besser, wenn man die Hintergliedmaßen von innen hochhebt. Der Aufhalter steht dann nicht außen am Hinterschenkel, sondern zwischen den Hinterbeinen.

Kitzlige Pferde muß man dreist anfassen. Es ist zweckmäßig, nicht erst viel an der Gliedmaße herumzustreicheln, sondern nach Anrufen des Pferdes gleich den Fuß anzufassen und hochzuheben. Bei einzelnen Pferden legt sich der Hautkitzel, wenn man langsam von oben nach unten an der Gliedmaße mit der Handfläche hinunterstreicht.

Aengstliche Pferde werden durch die vielen Geräusche in der Schmiede meist aufgeregt. Man beschlägt dieselben am besten früh morgens, wenn es ruhig in der Schmiede ist oder außerhalb derselben im Freien bzw. im Stalle.

Solche Pferde **bindet man nicht an**, sondern stellt einen Mann an den Kopf, der mit dem Tiere spricht und es vom Beschlaggeschäft abzulenken versucht. Futter vorhalten ist ebenfalls zu empfehlen.

Widerspenstige und bösartige Pferde zu beschlagen, erfordert besondere Umsicht und Besonnenheit; gilt es doch, sowohl Schmied als auch Pferd vor Beschädigung zu schützen.

Ist die Schmiede nicht sehr geräumig, so nimmt man das Beschlagen am besten außerhalb derselben auf weichem Boden vor. Durch knappes Futter am Tage zuvor, sowie anstrengende Arbeit vor dem Beschlagen kann man solche Pferde williger machen.

Man legt dem Pferde eine Trense auf und stellt an den Kopf einen beherzten Mann. Unarten werden energisch bestraft durch Ruck mit der Trense und Rückwärtstreten auf weichem Boden. Zum Aufhalten der Hinterfüße benutzt man zweckmäßig ein langes Handtuch, das zwischen Fesselgelenk und Huf um die Gliedmaße gelegt und dann einige Male gedreht wird. Alsdann hebt man mit dem Handtuch den Huf langsam empor.

Ein Kappzaum leistet oft sehr gute Dienste; nach mehrmaligem kräftigen Ruck mit den Zügeln stehen die Pferde wie betäubt. Aehnlich wirkt eine gute Strickbremse um die Oberlippe. Alle anderen Zwangsmittel sind verwerflich.

Für sehr bösartige Pferde ist der Notstand erforderlich. Gute Dienste soll auch das Brust-Rücken-Schweif-Fesselband von Döring leisten.

3. Die Abnahme der alten Eisen.

Die alten Niete werden vorsichtig gelöst, das Eisen mit der Nietklinge gelüftet und dann die Hufnägel einzeln herausgezogen, wobei die linke Hand den Huf an der Zehe stützt. Die alten Nägel wirft man nicht in die Schmiede, sondern in einen Kasten.

Alte sitzengebliebene Nagelstifte werden entfernt, da dieselben leicht beim Aufnageln des neuen Eisens gegen die Fleischteile gedrängt werden und hier eine Entzündung hervorrufen können.

Das alte abgenommene Eisen sieht sich der Schmied genau an. Die Stellen, welche am Hufe zu hoch gewesen sind, sind am Eisen am meisten abgenutzt. Ferner sieht man am alten Eisen Länge, Stärke und Sitz der Zehenrichtung an, **um dieselbe am neuen Eisen ebenso wieder anzubringen.**

4. Die Zubereitung der Hufe.

Die Zubereitung der Hufe erfordert die meiste Sachkenntnis und Ueberlegung.

Erforderlich sind eine scharfe Raspel, ein Rinnmesser und bei sehr hornreichen Hufen eine Hauklinge.

Folgende Grundsätze sind zu beachten:

1. Wenn ein Huf kleiner ist als der andere, so muß der Schmied den kleineren zuerst beschneiden und dann die Beschneidung des anderen, wenn nicht besondere Gründe vorliegen, danach einrichten.
2. Man mache einen Huf nie zu klein.
3. Man lege einen breiten Tragerand an.
4. Man schone die Sohle, den Strahl und die Glasurschicht.
5. Konvex verbogene Wandabschnitte erniedrige man von unten, konkav verbogene beraspele man von oben.
6. Man suche durch die Beschneidung zu erreichen, daß alle Teile des Tragerandes **gleichzeitig den Boden berühren,** denkend an Auftritt und Größe der Hufe.
7. Der Huf muß zur Stellung passend gemacht werden.

Zunächst bricht man die äußere, scharfe Kante mit der Raspel, nimmt dann das tote, abgestorbene Horn aus der Sohle, erniedrigt die Eckstreben in der Querrichtung der Hornfasern bis zur halben Höhe des Strahles und bis die weiße Linie deutlich als Begrenzung der Eckstrebe hervortritt.

Der Grund des gesunden Strahls muß in einer Höhe und Querrichtung mit den Trachten liegen, die Spitze etwas höher als der Tragerand. Lose Hornteile am Strahl entfernt man.

Der Tragerand besteht bis zur weitesten Stelle des Hufes aus der Hornwand, der weißen Linie und dem äußeren Rande der Hornsohle; hinter der weitesten Stelle nur aus Wand und weißer Linie.

Bei aufgehobenem Fuße soll der Tragerand bei schräg nach außen stehenden Wänden etwas schräg nach außen, an den steil stehenden Wänden wagerecht verlaufen. **Stets soll der Tragerand mit allen Teilen in einer Ebene liegen.**

Die **weiten Hufe** sind niedrig, man darf den Tragerand nicht so sehr kürzen. Die äußere Kante der sehr schräg stehenden Hornwand muß man etwas mehr brechen. Aus der Sohle nimmt man das tote Horn um den Strahl herum vorsichtig etwas mehr fort, damit starre Hornmassen in der Sohle den Huf am Tragerand nicht noch mehr erweitern. Die Eckstreben erniedrigt man etwas mehr. **Breiter Tragerand.**

Die **hohen, engen Hufe** müssen mehr erniedrigt werden, aus der Sohle nimmt man weniger von dem toten Horn fort, damit der Huf am Tragerand nicht noch enger wird. Die Eckstreben sind zu schonen.

Um einen planen Auftritt zu erreichen, ist beim bodenengen Hufe die steile äußere, beim bodenweiten Hufe meist die steile innere Seite mehr zu kürzen.

Bei **spitzen Hufen** wird die Zehe zu lang. Die Fessellinie stellt sich dann steiler als die Zehenlinie. Man muß alsdann die Zehe kürzen mit einem Schnitt, der vor den Trachten dünn anfängt und nach der Zehe allmählich dicker wird.

Fußt das Pferd auffallend mit den Trachten, so kürzt man die Zehe durch Beraspeln von oben, besonders wenn sie konkav verbogen ist.

Bei **stumpfen Hufen** werden die Trachten zu hoch. Die Fessellinie verläuft dann schräger als die Zehenlinie. Man muß die Trachten kürzen.

Die Beschneidung der **diagonalen Hufe** richtet sich danach, mit welcher Grundform die diagonale Umformung verbunden ist, ob regelmäßig-diagonal oder bodeneng-diagonal, ob mit spitzer oder mit stumpfer Winkelung. Zur Begutachtung, welche Teile am Hufe zu hoch sind, ist oft ein mehrmaliges Vorführen des Pferdes erforderlich.

Meist sind die innere Tracht und die angrenzende Seitenwand zu hoch und müssen diese daher mehr erniedrigt werden.

Bei **bodenengen Hufen** mit diagonaler Umformung ist die äußere Tracht meist zu hoch und muß mehr gekürzt werden.

5. Das Richten des Hufeisens.

Zum Richten muß das Eisen gleichmäßig rotwarm gemacht werden, alsdann wird es nach der Form des Hufes gebogen und genau in der Mitte des Zehenteils der Aufzug angezogen.

Folgende Punkte sind nun zu beachten:

1. Beim Aufpassen kommt der Aufzug stets in Verlängerung der Strahlspitze vor die Mitte des Hufes.

2. Der Tragerand des Eisens erhält bei gesunden Hufen und bei schräg nach außen stehenden Wandabschnitten eine Neigung nach innen, bei steilen Wänden ist er wagerecht, bei schräg nach innen stehenden Wänden hat er eine Neigung nach außen.

3. Soweit die Wände schräg stehen, ist das Eisen so weit wie der Huf, von der weitesten Stelle des Hufes nach hinten überragt das Eisen seitlich den Huf um einige Millimeter.

Haben die Trachten eine **starke Neigung nach innen**, so werden die Schenkelenden **nach dem Verlauf der Krone** gerichtet.

Fig. 59.

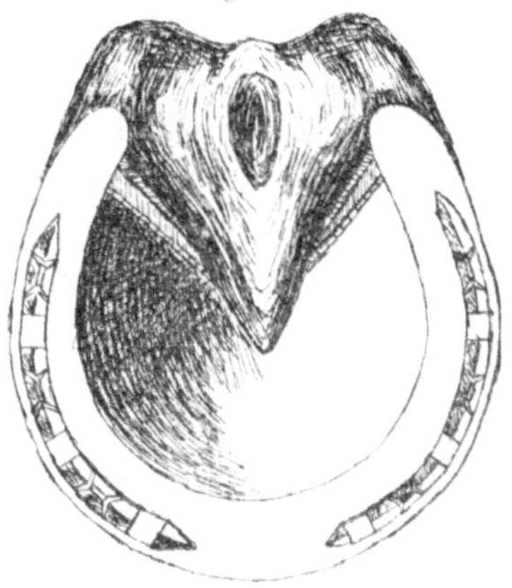

Beschlagener Vorderhuf.

4. Die Schenkelenden müssen die Trachtenecken decken, gleich weit von der Mitte des Strahles entfernt sein und den Strahl frei lassen. Sind die Trachtenwände nach innen verlagert und die Schenkelenden nicht breit genug, um die Trachtenecken ganz zu decken, so muß man die Schenkelenden künstlich breiter machen durch Anstauchen oder durch Absetzen (Fig. 59).

5. Die Länge des Eisens richtet sich nach der Hufform und vor allem auch nach dem Gebrauchszweck des Pferdes. In den meisten Fällen reichen die Schenkelenden

bis zu einer Senkrechten von der halben Höhe der Trachtenwand. **Müssen die Pferde in schneller Gangart auf weichem Boden gehen, z. B. während der Exerzierperiode, bei den Herbstübungen, Jagden und Rennen, so werden die Eisen kürzer und enger gemacht und schneiden meist mit den Trachtenecken ab** (Fig. 60).

Fig. 60.

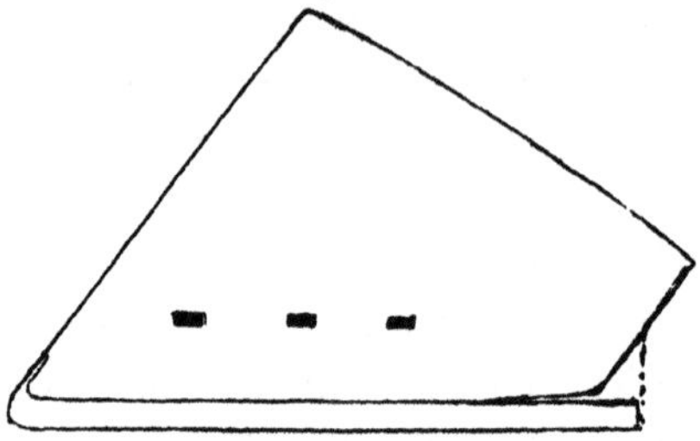

Die Länge des Eisens.

6. An den am meisten belasteten Teilen der einzelnen Hufe muß die Stützfläche durch Weiter- und Längermachen der Eisen vergrößert werden.

7. Die Bodenfläche des Eisens muß wagerecht sein.

8. Um den Pferden das Ueberheben der Last über die Zehe zu erleichtern, erhalten die Vordereisen eine Zehenrichtung.

9. Die Nagellöcher müssen die weiße Linie decken.

10. Die innere Zehe ist zur Verhütung des Streichens stets bodeneng zu halten.

Das Eisen wird nun mehrmals vorsichtig auf den Tragerand des Hufes aufgebrannt, bis eine innige Verbindung von Huf und Eisen erreicht ist.

Verschieben sich die Eisen leicht nach innen, so bringt man am Eisen außen einen Seitenaufzug an, der an der weitesten Stelle des Hufes liegen muß. Tritt ein Verschieben nach außen ein, wie bei X-beiniger Stellung, so erhält das Eisen an der inneren Seite einen Aufzug, der zur Verhütung des Streichens gut in die Hornwand eingelassen werden muß.

6. Die Eisen für die einzelnen Hufformen.

Das Eisen für den regelmäßigen Huf.

Tragerand an der Zehe und an den Seitenteilen mäßig schräg von außen nach innen, an den Schenkelenden wagerecht. Änderung senkrecht (Fig. 61). Schenkelenden 4 bis 5 mm länger als die Trachten. Aufzug mäßig in die Hornwand eingebrannt, Zehenrichtung mittelstark.

Das Eisen für den engen Huf.

Tragerand nur an der Zehe hinter dem Aufzug mäßig schräg nach innen abfallend, an den anderen Teilen wagerecht. Ränderung bodenweit am äußeren Eisenschenkel und den Schenkelenden. Die Lochung des Eisens ist flach (Fig. 63).

Das Eisen für den weiten Huf.

Tragerand, soweit die Wand schräg steht, stark nach innen abfallend. Ränderung bodeneng. Die Lochung ist tief und mehr nach hinten verteilt (Fig. 62).

Fig. 61.

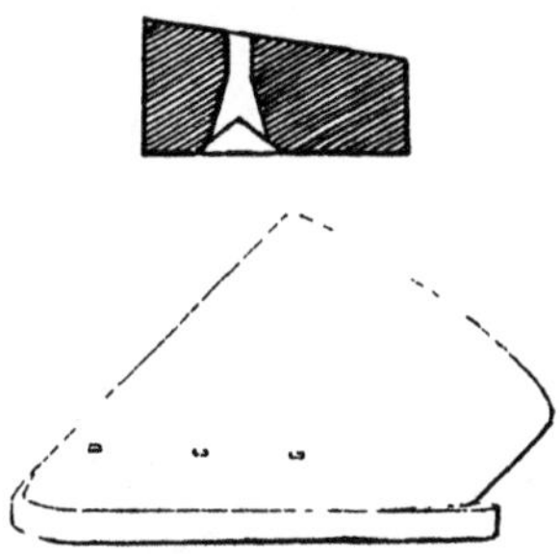

Regelmäßiger Huf.

Fig. 62.

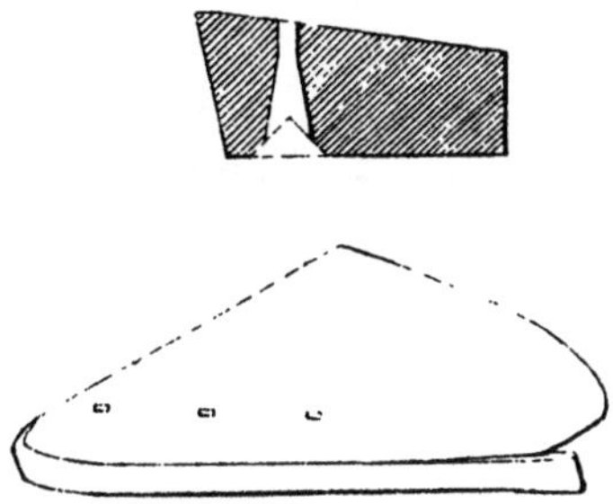

Spitzer weiter Huf.

Das Eisen für den halbeng-halbweiten Huf.

Für die weite Seite wie beim weiten, für die enge Seite wie beim engen Huf angegeben.

Das Eisen für den spitzen Huf.

Ränderung an der Zehe bodeneng, die Schenkel sind länger als beim Eisen für den regelmäßigen Huf und enden bodenweit (Fig. 62). Der Aufzug liegt in der Zehenwand. Zehenrichtung ist stark.

Das Eisen für den stumpfen Huf.

Ränderung an der Zehe bodenweit, die Schenkel sind kürzer und enden bodeneng (Fig. 63). Der Aufzug liegt auf der Zehenwand, Zehenrichtung ist gering.

Das Eisen für den Huf der bärenfüßigen Stellung.

An der Zehe ist das Eisen wie für einen stumpfen, an den Schenkelenden wie für einen spitzen Huf: außerdem erhält das Eisen starke Zehenrichtung und Stollen.

Das Eisen für den diagonalen Huf.

a) Mit regelmäßiger oder bodenweiter Grundform.

Der Tragerand richtet sich nach der Grundform des Hufes. Da die Last mehr auf die innere Tracht und die äußere Zehe fällt, so ist die Ränderung an der äußeren Zehe bodenweit, der innere Schenkel ist nach dem

Fig. 63.

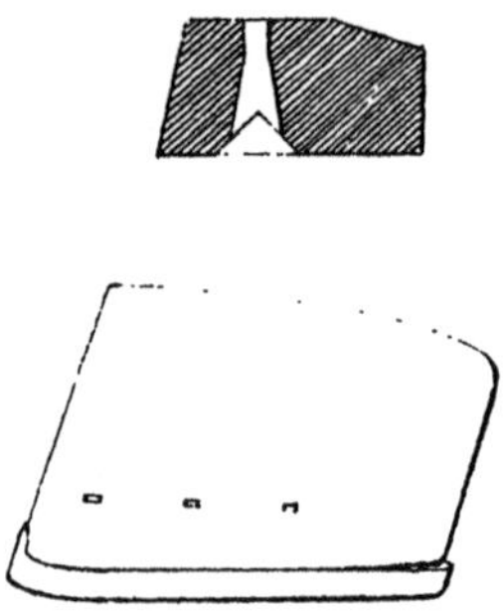

Stumpfer enger Huf.

Fig. 64.

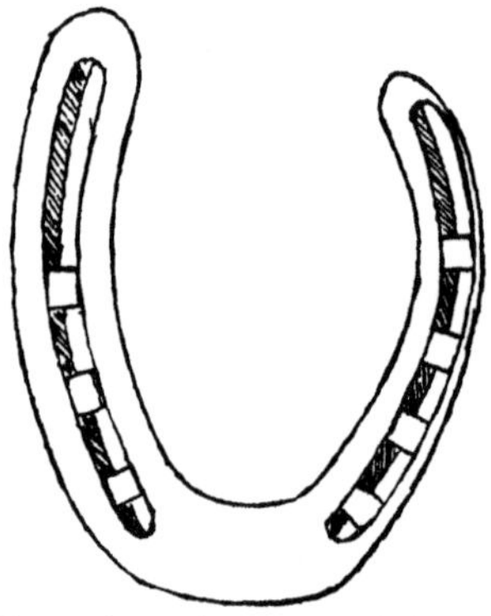

Eisen für einen stark bodenengen Huf.

Verlauf der Krone gerichtet, lang, weit und bodenweit gerändert.

b) Mit bodenenger Grundform.

Da die Last nur auf die äußere Tracht fällt, so ist der äußere Eisenschenkel lang, weit und bodenweit gerändert.

Diese letztere Hufform kommt häufig bei schweren Arbeitspferden an den Hintergliedmaßen vor. Die Pferde fußen stark mit der äußeren Seite und nutzen daher den äußeren Eisenschenkel bedeutend schneller ab als den inneren.

Zweckmäßig macht man alsdann den äußeren Eisenschenkel viel breiter, weiter und länger, rändert stark bodenweit und locht tiefer. Sollen diese Pferde mit Griffeisen beschlagen werden, so ist der Griff etwas auf die äußere Zehe zu setzen und die äußere Griffkante niedriger zu machen (Fig. 64).

7. Das Aufnageln der Hufeisen.

Die Befestigung der Eisen auf den Huf erfolgt mit den Hufnägeln.

Die Hufnägel werden aus bestem schwedischen Holzkohleneisen, das weich und dabei zähe ist, hergestellt und kommen in verschiedenen Längen in den Handel.

Man teilt den Hufnagel ein in Kopf, Klinge und Zwicke.

Nach der Form des Kopfes unterscheidet man

1. den deutschen Hufnagel (bes. für Stempeleisen),
2. den Falzhufnagel,
3. den Reichshufnagel, für Stempel- und Falzeisen.

Der Kopf hat zwei schräge Flächen, die sich den schrägen Flächen des Falzes anpassen müssen.

Fig. 65.

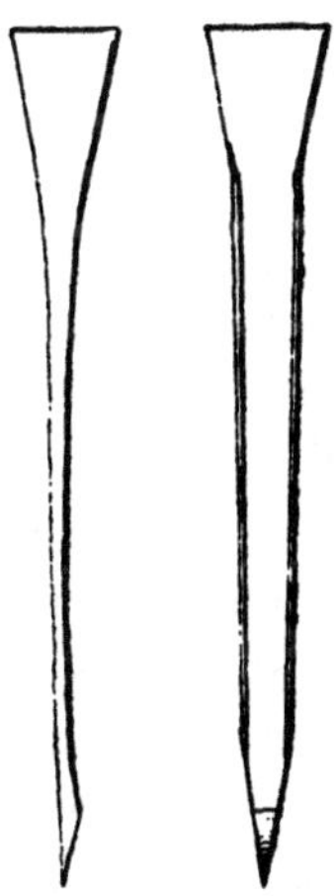

Der Hufnagel.

Die Klinge muß doppelt so breit wie dick und etwas nach außen durchgerichtet sein (Fig. 65); gerade verlaufende Nägel gehen beim Einschlagen krumm durch die Hornwand und drücken dann leicht gegen die Fleischteile. Die Kanten der Klinge sind an der Seite, die den Fleischteilen zugerichtet ist, leicht gebrochen.

An der Spitze befindet sich die Zwicke. Die Zwicke stellt einen einseitigen, von innen nach außen schräg verlaufenden Keil dar.

Eine **kurze Zwicke** bewirkt, daß der Hufnagel **früh durch die Hornwand** bricht.

Die Zwicke muß stets ganz sein und darf keinen Haken haben.

Die Zahl und Verteilung der einzuschlagenden Nägel ist bei den einzelnen Hufformen verschieden. Bei kleinen Hufen sind 4—5, bei größeren 6—8 Hufnägel erforderlich.

Bei **regelmäßigen Vorderhufen** verteilt man die Nägel auf die vordere Hälfte, bei **Hinterhufen** mehr nach hinten.

Bei **weiten** Hufen nimmt man wenigstens 6 Hufnägel und verteilt dieselben mehr nach hinten, bei engen Hufen 4 bis 5 Nägel und verteilt dieselben mehr nach vorn.

Bei **spitzen** Hufen nagelt man mehr nach der Zehe hin, bei **stumpfen** mehr nach den Trachten.

Die einzuschlagenden Hufnägel hält man möglichst lange und in derjenigen Richtung zwischen den Fingern, in welcher sie das Horn durchdringen sollen.

Das Einschlagen geschieht vorsichtig, und achtet man besonders auf den Klang, der weich und nicht hart sein soll. Beim Nageln denke der Schmied stets an den Bau des Hufes. An steilen, dünnen Hornabschnitten nagele man nicht so hoch wie an schrägen, dicken.

Bevor das Aufnageln beginnt, sieht man nach, ob das Eisen noch eben ist. Beim Rundfeilen der Schenkelenden im Schraubstock verbiegt es sich leicht. Dann sieht man nach, ob **die Nagellöcher die weiße Linie decken,** ob in jedes Nagelloch ein Hufnagel paßt und die **Nagelkanäle die Richtung der Hornwand** haben. Die Breite des Hufttragerandes und die Höhe der Eckstreben sind nochmals zu regulieren.

Man schlägt zunächst die beiden Zehennägel ein, läßt dann den Huf niedersetzen und sieht, indem man sich hinter das Pferd stellt, nach, ob beide Schenkelenden gleich weit von der Mitte des Hufes entfernt sind.

Die übrigen Nägel schlägt man abwechselnd innen und außen ein, achtet aber stets darauf, daß das Eisen nicht schief zu liegen kommt.

Nachdem der Hufnagel die Hornwand durchbrochen hat, wird er gleich gegen dieselbe umgebogen.

Die Nägel werden dann gut in die Gesenke eingetrieben und die Nagelspitzen dicht am Hufe abgekniffen; mit dem Unterhauer wird unter dem Nagelstumpf ein kleines Stück Horn fortgenommen, damit das Niet gut in die Hornwand eingelassen werden kann.

Die Nägel werden dann nochmals angezogen, indem die Nietvorrichtung der Beschlagzange am Nagelstumpf angesetzt wird.

Das Niet wird alsdann mit der Feile soweit gekürzt. bis es nicht länger als die Nagelklinge breit ist. Dann werden die Niete durch leichtes Klopfen mit dem Hufhammer in die Hornwand gut eingelassen, die Aufzüge ebenfalls mit leichten Schlägen angerichtet und die überstehenden Hornkanten gebrochen.

Nach dem Beschlage wird das Pferd nochmals vorgeführt, um zu sehen, ob es plan auftritt und durch den Beschlag nicht lahm geworden ist.

Dann werden die alten Nagellöcher verkittet, die äußere Hornwand wird leicht eingefettet und die Hornsohle geteert.

8. Die Hufeinlagen.

Die Hufeinlagen kommen zur Anwendung:

1. Um Sohle und Strahl, die durch das Hufeisen mehr vom Erdboden entfernt werden, wieder mit demselben in Berührung zu bringen und zum Tragen heranzuziehen (Leder-, Huflederkitt- und Korksohlen).
2. Um das Ausgleiten der Pferde auf glatten, besonders asphaltierten Straßen zu verhindern (Kork- und Gummisohlen).
3. Bei Wunden an der unteren Huffläche (Leder-, Stroh- und Hanfsohlen).
4. Um das Einballen von Schnee zu verhindern (Stroh- und Huflederkittsohlen).

5. Bei Hufkrankheiten, wie Steingallen, Hornspalten, Zwanghufen, bei mangelhaftem Wachstum des Hufhorns (Huflederkittsohlen, Ledersohle mit Wergpolsterung).

1. Die Ledersohle, meist in Verbindung mit der Wergpolsterung.

Kommt eine Ledersohle zur Anwendung, so muß das Eisen etwas **weiter** und müssen die Aufzüge **höher** gemacht werden. Damit die Sohle sich nicht verschieben kann, wird dieselbe an den Schenkelenden festgenietet.

Vor dem Aufschlagen des Eisens wird die untere Fläche des Hufes geteert und werden die Strahlfurchen und die Wölbung der Hornsohle mit Werg gepolstert, und zwar so stark, daß ein leichter Druck auf die untere Fläche des Hufes ausgeübt wird.

Diese Einlage findet bei allen empfindlichen Hufen mit schwachen Trachten, bei flach gewölbten Sohlen und Steingallen Anwendung, ebenso bei Wunden an der unteren Huffläche.

2. Die Huflederkittsohle.

Der Huflederkitt hat den Vorzug, daß er, in heißes Wasser gelegt, eine weiche Masse wird, die sich in alle Vertiefungen an der unteren Huffläche fest einkneten läßt. Nach dem Begießen mit kaltem Wasser erhärtet die Masse wieder. bleibt aber elastisch.

Die Huflederkittsohle bringt beim beschlagenen Huf am besten die Sohle und den Strahl wieder mit dem Erdboden in Berührung und findet mit gutem Erfolg Anwendung bei Steingallen, Hornspalten, Zwanghufen, mangelhaftem Wachstum des Hufhorns.

Diese Einlage verhindert auch das Einballen von Schnee.

Huflederkittsohlen können nur angewandt werden, wenn die Hornsohle gut gewölbt ist. Im vorderen Teil des Hufes darf die Einlage die Bodenfläche des Eisens nicht überragen, da die Pferde infolge zu starken Druckes auf die Hornsohle leicht lahm werden können.

Damit die Einlagen guten Halt haben, macht man die Abdachung im Eisen etwas stärker und biegt, wenn ein Schlußeisen nicht zur Anwendung kommt, die Schenkelenden etwas um.

3. Die Korksohle.

Die Korksohle ist besonders in Verbindung mit dem Strickeisen die beste Einlage, um das Ausgleiten der Pferde auf glatten Straßen sowie das Entstehen von Steingallen zu verhüten.

Pferde mit flach gewölbten Sohlen können mit Korkeinlagen nicht gehen.

Damit die Korksohle keinen Druck auf die Sohle des Hufes ausübt, muß erstere stets gut weich gekocht werden, einen Ausschnitt für den Strahl haben und darf im Zehenteil die Bodenfläche des Eisens nicht überragen.

Bei längerer Anwendung tritt leicht fauler Strahl ein; man muß daher die Bodenfläche des Hufes vor dem Einlegen der Korksohle gut teeren.

4. Die Strohsohle.

Die Strohsole wird angewendet bei Verletzungen an der unteren Hufflächc sowie gegen das Einballen von Schnee. Damit die Einlage nicht verloren geht, macht man eine etwas stärkere Abdachung am Eisen und biegt die Schenkelenden um. Querstege, mit den Schraubstollen befestigt, verhindern ebenfalls das Verlieren der Strohsohlen.

5. Die Gummisohle.

Die Gummisohle soll das Ausgleiten verhindern und die Erschütterungen von den Hufen und Gelenken abhalten. Die Einlagen sind teuer.

III. Abschnitt.

1. Das Streichen der Pferde.

Ein Pferd streicht sich, wenn der Huf des vorschreitenden Schenkels den stützenden Schenkel trifft.

Die dadurch entstehenden Verletzungen liegen an der inneren Seite, und zwar vom Huf bis zum Vorderfußwurzelgelenk, je nach der Bewegung der Schenkel. Je höher die Streichstelle liegt, um so schwerer ist das Streichen abzustellen.

Streichen die Pferde sich oft, dann entstehen Streichballen und Ueberbeine.

Die **Ursachen** des Streichens liegen:

1. Im Gebäude des Pferdes.

Pferde mit engem Stand, die beim Gehen die Beine voreinandersetzen.

2. In der Bewegung der Schenkel.

Pferde, die mit dem schwingenden Hufe einen Bogen gegen den stehenden Fuß machen (bodenweit und diagonal nach außen gestellte) oder drehende Bewegungen ausführen (X- und O-beinige, sowie stark bodeneng diagonal nach außen gestellte).

3. In der Beschneidung.

Hier kann die Ursache sowohl in falscher Beschneidung am streichenden wie auch am gestrichenen Fuße liegen.

Schiefschneiden des Hufes, wodurch eine unsichere Stützfläche entsteht, oder zu starkes Erniedrigen der inneren Seite, wodurch das Fesselgelenk zu weit nach innen kommt.

4. Im Beschlage.

Zu schwere, zu dicke und zu weite Eisen, hervorstehende Niete, Beschlag mit Stollen oder Griffeisen, falsche Zehenrichtung.

Meist streichen sich die Pferde mit der inneren Zehe, selten mit den Seitenteilen und noch seltener mit den Schenkelenden des Hufeisens

Je mehr der Schenkel mit der Zehe nach außen steht, um so mehr rückt die Stelle, mit welcher die Pferde sich streichen, nach vorn.

O-beinig und stark bodeneng diagonal nach außen gestellte Hintergliedmaßen, die drehende Bewegungen ausführen, streichen sich mit den Schenkelenden.

Um das Streichen zu verhüten, muß der Schmied stets die Stelle am Eisen, mit welcher am leichtesten Streichen erfolgen kann, stark bodeneng halten.

Kommt ein Pferd in die Schmiede, das sich gestrichen hat, so muß ermittelt werden, mit welcher Stelle und aus welchem Grunde das Streichen erfolgt ist.

Hierzu läßt man das Pferd mehrmals hin- und herführen auf einer möglichst ebenen Fläche, achtet auf die Bewegung der Schenkel, den Auftritt, auf blanke Stellen am Eisen. Ferner untersucht man, ob das Eisen zu weit ist, sich nach innen verschoben hat, ob Niete hervorstehen.

Um das Streichen zu beseitigen, sorgt man möglichst für einen planen Auftritt. Nimmt dann am besten ein glattes Eisen mit Seitenaufzug an der äußeren Seite, das an der Stelle, mit welcher das Streichen erfolgt ist, stark eng und bodeneng gehalten ist. Man nagelt hier am besten nicht und läßt das Horn gut abgerundet überstehen.

Streicht sich das Pferd mit dem Schenkelende oder ist die innere Seite des Hufes zu niedrig, so nimmt man ein Hinterstreicheisen, dessen inneres Schenkelende verdickt und stark bodeneng gehalten ist.

Den Streichschenkel richtet man sehr eng und hält ihn kurz, er darf die Trachtenecke nicht überragen.

Liegen die Streichwunden hoch am Vorderfußwurzelgelenk, schlägt man, falls die Hufform es gestattet, mit gutem Erfolge Halbmonde bzw. Dreivierteleisen auf.

2. Das Greifen der Pferde.

Unter Greifen versteht man das Anstoßen des Zehenteils der Hinterhufe an die Vordergliedmaße während der Bewegung. Hierdurch können Verletzungen an der Vordergliedmaße entstehen von dem Ballen bis zum Vorderfußwurzelgelenk hinauf; auch werden oft die Eisen abgerissen.

Die **Ursachen** liegen:

1. Im Körperbau des Pferdes.

Pferde, die vorn rückständig und hinten vorständig gebaut sind.

2. Im Gebrauch.

Arbeit auf weichem Boden, besonders in schneller Gangart, Springen über Hindernisse.

3. In der Beschneidung.

Zu lange Zehe an den Vorder- und Hinterhufen.

4. Im Beschlage.

Zu lange Eisen, fehlende Zehenrichtung.

Um das Greifen zu verhindern, kürzt man die Zehe sowohl an den Vorder- als auch an den Hinterhufen, bringt eine gute Zehenrichtung an und macht die Vordereisen kurz. Zweckmäßig verwendet man Vorder- und Hintergreifeisen oder Halbmonde.

3. Die Hufpflege.

Damit die Hufe ihre gesunde Form, ihr glattes, glänzendes Aussehen, die Elastizität und die Beweglichkeit behalten, müssen dieselben auch gut gepflegt werden.

In den ersten Jahren, so lange sich das junge Pferd auf der Weide herumtummelt, nutzt sich der Huf genügend ab; der Schmied muß aber häufiger nachsehen, ob der Huf zu seinem Fesselstande paßt, die Kanten gut gerundet sind und die Trachtenwände sich nicht nach innen umgelegt haben.

In den Wintermonaten, in denen die jungen Pferde im Stalle stehen, nutzen sich die Hufe nicht genügend ab. Die

Hornwand muß alsdann häufig erniedrigt werden, und zwar je nach der Hufform verschieden, wie es bei der Beschneidung der einzelnen Hufformen angegeben ist.

Je weniger Bewegung die Tiere haben, je schlechter der Stallboden beschaffen ist, desto sorgfältiger muß die Hufpflege ausgeführt werden. Im Winter sind die Hufe häufiger zu waschen, damit ihnen Feuchtigkeit zugeführt wird.

Wird das Pferd in Arbeit genommen und zu diesem Zwecke beschlagen, so bedürfen die Hufe einer besonderen Pflege. **Der Beschlag muß je nach der Hufform und dem Wachstum des Hufhornes alle 4—6 Wochen erneuert werden.** Trockene Streu ist für die Gesunderhaltung der Hufe stets erforderlich. Täglich nach dem Gebrauch der Pferde sind die Hufe in reinem Wasser zu waschen. Nach dem Waschen läßt man dieselben gut abtrocknen und dann leicht einfetten. Fett macht das Hufhorn nicht weich, auch befördert es nicht das Wachsen des Hornes, sondern das Fett verhindert nur ein zu schnelles Verdunsten des eingedrungenen Wassers.

Zum Einfetten eignen sich am besten tierische Fette. Ein billiges und gutes Huffett ist Kammfett. Die Fette dürfen nicht ranzig sein, da dieselben sonst leicht die Glasurschicht des Hufes zerstören.

Das Einfetten der Hufe ohne vorherige Reinigung ist stets schädlich, da sich hierdurch allmählich eine dicke, aus Fett und Schmutz bestehende Kruste um den Huf bildet, die die Glasurschicht zerstört und das Horn mürbe und brüchig macht.

Sohle und Strahl sind häufig zu teeren, um Fäulnis zu verhüten.

Bei andauernd nassem Wetter fettet man weite Hufe vor dem Gebrauch der Pferde ein, da sonst der grobmaschige Bau des Hufhorns zu viel Wasser in das Horn einläßt und dasselbe noch mürber macht.

Harte Hufe erweicht man leicht durch Einschlagen in Leinsamenbrei.

In heißen, trockenen Monaten kann man Pferde mit harten Hufen häufiger ins Wasser stellen und muß nachher die Hufe einfetten.

4. Das Barfußgehen.

Das Barfußgehen ist für die Gesunderhaltung der Beine und Hufe von großer Bedeutung. Es eignen sich dazu nur Pferde mit **regelmäßigen** und **stumpfen Hufen**, die **viel Horn** haben.

Sollen Pferde, die beschlagen sind, barfuß gehen, so läßt man die Eisen so lange liegen, bis genügend Horn nachgewachsen ist. Alsdann nimmt man die Eisen vorsichtig ab, macht die Hufe zum Fesselstande passend und läßt alles Horn in der Sohle und am Strahl stehen, erniedrigt die Eckstreben, damit sich dieselben nicht über die Sohlenschenkel legen und bricht die äußere Kante am Hufe so stark, daß sie nicht den Boden berührt. Von 8 zu 8 Tagen müssen die Hufe neu berundet werden. Zeigen sich kleine Tragerandspalten, so versucht man zunächst durch Brennen einer Querrinne am oberen Ende der Spalte ein weiteres Einreißen der Hornwand nach oben zu verhindern; gelingt es auf diese Weise nicht, so muß das Pferd beschlagen werden.

Das Barfußgehen ist zweckmäßig:

1. Bei jungen Pferden, deren Hufe noch nicht entwickelt sind.
2. Beim Streichen der Pferde.
3. Bei Zwanghufen (nicht Zwang weiter Hufe).
4. Bei Steingallen, Hornspalten, Strahlfäule.

5. Die Hufentzündung.

Eine Entzündung des Hufes gibt sich zu erkennen:

1. Durch Lahmheit.

Der lahme Schenkel wird weniger belastet, der Huf oft vorgesetzt. Im Trabe wird die gesunde Gliedmaße mehr belastet; durch Senken des Kopfes wird die Körperlast schnell vom lahmen Schenkel auf den gesunden geworfen. Man sagt:

Das Pferd fällt auf den gesunden Huf mehr; meist hört man beim beschlagenen Pferde auch ein stärkeres Klappen des Eisens vom gesunden Hufe.

2. Durch vermehrte Wärme.

Man fühlt dieselbe mit der inneren Handfläche am besten, untersucht auch zum Vergleich den gesunden Huf.

3. Durch Schmerzen.

Man stellt dieselben fest durch Druck mit der Zange oder durch Beklopfen.

Da die Fleischteile des Hufes sehr nervenreich sind, so reicht oft eine geringe Ursache schon aus, im Hufe Schmerzen zu bereiten.

4. Durch vermehrtes Klopfen der Arterien.

Am besten fühlt man die Fesselarterien an oder die Hauptmittelfußarterie (Schienbeinarterie) an der **inneren** Seite des Schienbeins zwischen Fessel- und Hufbeinbeugesehne.

Man teilt die Hufentzündungen ein:

1. In einfache Entzündungen.

Ursachen hierzu sind z. B. zu starkes Beschneiden eines Hufes, zu starkes Aufbrennen des Eisens, zu starkes Anrichten eines Aufzuges, Nägel, die den Fleischteilen zu nahe sitzen.

2. In blutige Entzündungen.

Ursachen, die auf den Huf einwirkten, waren so heftiger Art, daß durch Zerrung und Quetschung eine Zerreißung von kleinsten Blutgefäßen in den Fleischteilen eingetreten ist. Das Blut tritt dann aus den Gefäßen aus, sammelt sich zwischen den Fleischteilen und Hornteilen, sickert allmählich durch die Hornteile durch und erscheint dann im Horn als rote Stelle (Steingalle).

3. In eiterige Entzündungen.

Dieselben können sowohl aus der einfachen als auch aus der blutigen Entzündung entstehen, wenn sich in den Hornteilen kleine Oeffnungen befinden, durch welche Schmutz zu den entzündeten Fleischteilen eindringt.

Befindet sich der Eiter an der Verbindung zwischen Fleisch- und Hornteilen, so sieht er dünnflüssig und schwärzlich aus, sog. gutartiger Eiter (Brennen eines Nagels, Hufgeschwür).

Befindet sich der Eiter in den Fleischteilen selbst, so ist er rahmartig und gelb, sog. bösartiger Eiter (tiefere Vernagelungen, eiternde Steingallen).

Behandlung:

Bei den **einfachen** Entzündungen sucht man die am Hufe bestehende Wärme durch Anwendung von Kälte zu beseitigen. Man stellt entweder den Huf in einen Eimer mit kaltem Wasser, dem man praktisch einige Eisstücke zufügt, oder man schlägt den Huf in einen nassen Beutel ein, den man mit kleinen Eisstückchen gefüllt hat. Vielfach wird der Huf auch in einen Brei aus Essig und Lehm eingeschlagen.

Bei dieser kühlenden Behandlung ist die Lahmheit gewöhnlich in einigen Tagen beseitigt.

Wird dieselbe schlimmer, so ist meist Eiter im Hufe vorhanden.

Bei den **blutigen** Entzündungen ist bei geringer Lahmheit anfangs auch Kälte zu versuchen.

Ist die Lahmheit stark, so schlägt man den Huf in warmen Leinsamenbrei ein und gießt im Laufe des Tages häufiger warmes Wasser nach. Läßt bei dieser Behandlung die Lahmheit nicht nach, so ist Eiter im Huf zu vermuten.

Man muß dem Eiter frühzeitig Abfluß zu verschaffen suchen, da sich derselbe sonst einen Durchbruch durch die Hornkapsel sucht.

Der Eiter kann folgende Wege nehmen:

a) Er geht in der Blättchenschicht der Wand nach oben und kommt am Saumband zum Durchbruch.

b) Er quetscht sich zwischen Fleisch- und Hornstrahl fort und bricht an den Ballen durch. Beide Ausgänge sind noch günstig zu beurteilen.

c) Er geht in der Blättchenschicht der Eckstrebe nach oben und kommt dann zum Strahlpolster. Entweder entsteht nun eine eiterige Entzündung des letzteren, verbunden mit starker Lahmheit, oder der Eiter dringt zum Hufknorpel vor, und es entsteht dann eine Hufknorpelfistel.

d) Der Eiter kann auch in das Hufgelenk eindringen; die Pferde sind dann sehr lahm, haben Wundfieber und können infolge von Blutvergiftung sterben.

Der Schmied muß stets darauf bedacht sein, dem Eiter im Hufe frühzeitig Abfluß zu verschaffen. Hierzu schneidet man vorsichtig den Huf aus und legt einen frischen Schnitt über den ganzen Tragerand.

Mit der Hufuntersuchungszange sucht man diejenige Stelle am Hufe, wo die Schmerzhaftigkeit am größten ist. Findet man hier eine rundliche, feuchte und schwärzliche Stelle, so schneidet man vorsichtig mit hochgehobenem Messergriff eine trichterförmige Oeffnung. Meist entleert sich dann ein schwärzlicher Eiter. Der Huf wird alsdann in einen Eimer mit 2 bis 3proz. Lysol- oder Kreolinlösung gestellt. Die Lahmheit wird dann bald besser und kann der Huf mit einem Verbandeisen beschlagen werden (Strohsohle, Splintverband oder Deckeleisen). Die freigelegte Stelle wird vorher eingeteert (Fig. 66).

Fig. 66.

Eisen mit Splintverband.

Entleert sich aber rahmartiger Eiter oder kann der Schmied bei starker Lahmheit keinen Eiter finden, so muß er dem Besitzer des Pferdes vorschlagen, dasselbe in tierärztliche Behandlung zu geben.

6. Die Untersuchung lahmer Pferde.

Stellt ein Pferd einen Huf, besonders einen Vorderhuf nach vorn, tritt es im Fesselgelenk nicht durch, setzt es in der Bewegung einen Huf nur zaghaft auf, lahmt es auf hartem Boden mehr als auf weichem, so kann man vermuten, daß eine Huflahmheit vorliegt.

Man untersucht zunächst mit der Hufuntersuchungszange, ob das Pferd durch Zucken beim Druck mit den Maulenden der Zange Schmerzen zu erkennen gibt. Die einzelnen Hufe sind hier in der Empfindlichkeit gegen Zangendruck sehr verschieden. Hufe mit dünnen Sohlen sind z. B. mehr empfindlich. Zweckmäßig vergleicht man hierbei auch den gesunden Huf.

Dann fühlt man mit der inneren Handfläche, ob einzelne Stellen am Hufe wärmer sind und vergleicht auch hierbei den gesunden Huf.

Darauf fühlt man nach, ob die Fesselarterien stärker klopfen.

Hierauf besichtigt man den Beschlag, ob derselbe zum Lahmgehen Veranlassung gibt, z. B. durch zu hoch sitzende Nägel, zu enge, zu kurze, verschobene und zu fest aufliegende Eisen, fehlende oder zu geringe Abdachung besonders bei schwach gewölbter Sohle, zu stark angerichtete Aufzüge.

Ferner sieht man die Form der Hufe nach und denkt daran, daß die Hufe an den steil stehenden, mehr belasteten Wandabschnitten auch am leichtesten erkranken und hier oft der Sitz der Lahmheit zu suchen ist.

So ist bei den **bodenengen** Hufen meist die **äußere**, bei den **bodenweiten** die **innere Seite**, bei den **diagonalen** die **innere Tracht** der Sitz der Lahmheit. **Spitze** Hufe erkranken mehr an den **Trachten**, **stumpfe** mehr an der **Zehe.** Denkt der Schmied an diese natürlichen Verhältnisse, so wird ihm das Auffinden der Ursache einer Huflahmheit wesentlich erleichtert.

Wenn ein Pferd kurz nach dem Neubeschlage lahm wird, so liegt meist die Ursache der Lahmheit am Beschlage.

Alsdann nimmt man vorsichtig das Eisen ab, schneidet Sohle und Strahl leicht aus und legt einen frischen Schnitt über den ganzen Tragerand, um deutlich sehen zu können, ob die Hufnägel etwa ihren Sitz außerhalb der weißen Linie haben.

Man achtet ferner auf die Wölbung der Sohle, auf schwarze Risse in derselben, auf lose oder getrennte Wand, auf rote Stellen im Hufhorn und darauf, ob sich die Eckstreben nicht auf die Sohlenschenkel gelegt haben. Letzteres kommt am häufigsten bei spitzen, weiten Hufen vor.

Das abgenommene Hufeisen wird auf die Richtung und Tiefe der Nagellöcher geprüft.

Findet man bei einem lahmen Pferde im Hufe nur geringen Schmerz, so muß zunächst dieser beseitigt werden, ehe man das Bestehen einer anderen Lahmheit feststellt.

IV. Abschnitt.

1. Die Verletzungen der Fleischteile des Hufes.

a) Das Durchschneiden und Durchbrennen.

Dasselbe kommt am leichtesten vor, wenn Pferde nach dem Barfußgehen beschlagen werden, ferner bei flach gewölbten Sohlen, bei Vollhufen und bei schlecht stehenden Pferden.

Beim **Durchschneiden** tritt eine starke Blutung ein. Man stellt den Huf in einen Eimer mit kalter 3 proz. Lysol- oder Kreolinlösung, bis die Blutung aufhört, streicht alsdann auf die verletzte Stelle Teer und nimmt ein Eisen mit Leder- oder Strohsohle. Die Lahmheit dauert meist nur einige Tage.

Beim **Durchbrennen** verfährt man ebenso, nur dacht man das Eisen etwas mehr ab.

Die Beseitigung der Lahmheit dauert meist länger.

b) Die Vernagelung.

Unter Vernagelung versteht man Quetschungen und Verletzungen der Fleischteile durch Hufnägel, die zur Befestigung des Eisens in den Huf eingeschlagen wurden.

Hat der Hufnagel die Fleischwand nicht verletzt, sondern sitzt er nur den Fleischteilen zu nahe, so übt er einen Druck auf dieselben aus. Es entsteht dann eine Entzündung der Fleischteile, die mit Lahmheit verbunden ist. Man spricht dann vom Brennen des Nagels.

Die Lahmheit tritt meist erst einige Tage nach dem Beschlage auf.

Bei der **eigentlichen Vernagelung** ist der Hufnagel in die Fleischteile eingedrungen. Die Pferde zucken beim Einschlagen des Nagels. Zieht man denselben sofort wieder heraus, so befindet sich an der Nagelklinge Blut, oft quillt auch ein Tröpfchen Blut aus dem Nagelkanal hervor (Nagelstich).

Läßt man den zu tief eingeschlagenen Hufnagel nachher fehlen und macht etwas Teer auf den Kanal, so tritt meist keine Lahmheit ein.

Dringt der Hufnagel aber tief in die Fleischteile ein und bleibt hier sitzen, so tritt eine schwere Entzündung der Fleischwand mit nachfolgender Eiterung ein, in seltenen Fällen kommt es zum Absterben eines Stückes Hufbein (eigentliche Vernagelung).

Solche Verletzungen der Fleischteile können für das Pferd lebensgefährlich werden, auch Wundstarrkrampf sieht man danach auftreten.

Bei schweren Vernagelungen muß der Schmied frühzeitig die Hinzuziehung eines Tierarztes in Vorschlag bringen und muß stets offen eingestehen, daß ein Nagel zu tief eingedrungen ist. Ein Versehen des Schmiedes ist noch kein Verschulden. Wohl aber ist das Verheimlichen einer stattgefundenen Vernagelung ein schweres Verschulden.

Die **Ursachen** der Vernagelung:

1. Wenn die Nagelkanäle am Eisen nicht die weiße Linie decken.
2. Falsche Richtung der Nagelkanäle.
3. Zu tief gelochte und zu eng gerichtete Eisen.
4. Falsch angesetzte und zu dicke Hufnägel.
5. Alte Nagelstifte im Hufe.
6. Zu starkes Beraspeln der Hornwand von oben.
7. Starkes Anrichten der Aufzüge in der Nähe von Nägeln.
8. Sehr dünne, steile oder ausgebrochene Hornwände.
9. Schlechtes Stehen der Pferde beim Beschlagen.

Verdacht auf Vernagelung liegt vor, wenn ein Pferd kurze Zeit nach Ausführung des Beschlages ohne besondere Ursache lahm wird.

Man sieht alsdann die Niete am Hufe an, ob einzelne besonders hoch sitzen, drückt mit den Maulenden der Hufuntersuchungszange auf das höher sitzende Niet und achtet darauf, ob das Pferd hierbei durch Zucken Schmerzen äußert.

Ist dies der Fall, so zieht man den zu hoch sitzenden Nagel heraus und läßt das Pferd vortraben. Vielfach ist dann die Lahmheit schon beseitigt.

Besteht stärkere Lahmheit, pulsiert die Arterie, so lüftet man das Eisen vorsichtig, zieht die Nägel einzeln heraus und sieht nach, ob sich Blut an denselben befindet.

Man legt dann einen dünnen Schnitt über den Tragerand und sieht nach, ob einzelne Nagelkanäle nach innen von der weißen Linie sitzen und das Pferd bei Druck auf diese Nagelkanäle mit der Zange Schmerzen äußert.

Ist letzteres der Fall, so läßt man für einige Tage das Eisen fehlen und sucht durch kühlende Umschläge mit

Lysolwasser oder durch Fußbäder in derselben Flüssigkeit die bestehende Entzündung zu beseitigen. Lahmt das Pferd nicht mehr, so schlägt man das Eisen wieder auf, läßt aber an der schmerzhaften Stelle den Nagel fehlen.

Wird die Lahmheit aber trotz der kühlenden Behandlung schlimmer, klopft die Arterie stark, so ist Eiter im Huf zu vermuten und muß derselbe möglichst schnell entleert werden.

Man schneidet hierzu mit dem Rinnmesser von der weißen Linie aus den Nagelkanal nach und macht eine trichterförmige Oeffnung. Entweder entleert sich der Eiter sofort oder nach Druck mit den Maulenden der Untersuchungszange. Ist der sich entleerende Eiter grauschwarz und dünnflüssig, so hat der Nagel nur die oberflächlichen Teile der Fleischwand verletzt.

Man macht warme Fußbäder in 3proz. Lysol- oder Creolinlösung, die Lahmheit ist dann bald beseitigt. Beim Beschlagen läßt man den Hufnagel an der betreffenden Stelle fehlen, bringt eine Schwebe am Hufe unterhalb der Stelle an und füllt den alten Nagelkanal mit Teer aus. Oft ist eine Ledersohle oder Strohsohle mit Teer und Wergpolsterung noch zweckmäßig.

Ist der sich entleerende Eiter gelb und rahmig, so sind tiefer gelegene Teile der Fleischwand verletzt, der Schmied muß dann dem Besitzer des Pferdes die Hinzuziehung eines Tierarztes vorschlagen, ebenso wenn der Sitz der Eiterung nicht festzustellen ist.

c) Der Nageltritt.

Unter Nageltritt versteht man Verletzungen an der unteren Hufflähe durch Eintreten von spitzen Gegenständen, besonders Nägeln; Lieblingssitz sind die Strahlfurchen.

Die Bedeutung des Nageltritts hängt davon ab, wie tief und an welcher Stelle der Gegenstand eingedrungen und ob die entstandene Wunde verunreinigt ist.

Durch Nageltritte können schwere Entzündungen im Hufe entstehen, die zu dauernder Lahmheit und bei umfangreicher Eiterung auch zum Tode des Tieres führen können.

Die Lahmheit tritt meist plötzlich auf, die Pferde wollen den Huf nicht belasten, treten nur mit der Hufzehe auf und im Fessel nicht durch (sog. Ueberköten). Der Laie denkt sofort an eine Fesselverstauchung. Der Schmied wird oft zuerst vom Besitzer um Rat gefragt. Er versäume nie, bei solcher Lahmheit den Huf gründlich auf eingetretene scharfe Gegenstände zu untersuchen.

Beim Nageltritt zieht man den eingedrungenen Gegenstand vorsichtig aus dem Hufe, achtet darauf, ob die Spitze nicht abgebrochen ist, bewahrt denselben auf, damit der hinzugezogene Tierarzt sehen kann, wie tief der Gegenstand eingetreten und ob er stark verunreinigt war.

Bis zum Eintreffen des Tierarztes macht man Fußbäder in desinfizierenden Flüssigkeiten, nachdem vorher Sohle und Strahl dünn geschnitten sind.

Bei leichten Verletzungen genügt oft ein Splintverband mit Teer und Werg.

d) Der Kronentritt.

Unter Kronentritt versteht man eine Verletzung im Bereiche der Krone, die meist durch Treten mit scharfen Stollen entstanden ist.

Bei leichten Kronentritten wird das abgetretene Stück vom Hornsaum vorsichtig abgeschnitten und ein Teerverband angelegt.

Besteht Lahmheit, so ist tierärztliche Behandlung nötig, da Kronentritte oft lebensgefährliche Verletzungen sein können.

Sind bei einem Kronentritt Zotten der Fleischkrone zerstört worden, so entsteht beim Herabwachsen des Hornes leicht eine Hornkluft oder auch eine Narbenhornrinne.

2. Die Steingallen.

Unter Steingallen versteht man die gelbrot oder blaurot gefärbten Stellen in den hinteren Abschnitten des Hufes, besonders in den Sohlenschenkeln und Eckstreben.

Dieselben sind durch starke Quetschungen und Zerrungen der Fleischteile entstanden, bei welchen es zum Austritt von Blut infolge Zerreißung der Blutgefäße gekommen ist. Dieses Blut tritt zunächst zwischen Fleisch- und Hornteile, sickert dann allmählich durch die Hornröhrchen und erscheint im toten Horn als rot gefärbte Stelle. Oft findet man beim Ausschneiden des Hufes noch Tropfen flüssigen Blutes in dem abgestorbenen Horn.

Die Steingallen kommen fast nur an beschlagenen Hufen und zwar meist an den Vorderhufen vor.

Nach dem Sitz unterscheidet man:

Wand-, Sohlen- und Eckstrebensteingallen.

Nach dem Grade der Entwicklung teilt man sie ein:

a) in einfache,
b) in eiternde,
c) in veraltete Steingallen.

Die **einfachen**, auch frische Steingallen genannt, sind mit mehr oder weniger starker Lahmheit verbunden. Oft findet man in den ersten Tagen nur die Zeichen einer heftigen Hufentzündung in den hinteren Teilen des Hufes, erst allmählich sickert das Blut durch die Hornröhrchen und erscheint dann als feuchte, rote Stelle.

Die **eiternden** Steingallen entstehen aus den einfachen dadurch, daß durch einen vorhandenen oft nur kleinen Riß im Sohlenhorn Schmutz in die entzündeten Teile kommt oder daß der Schmied beim Suchen nach Steingallen durchschneidet. Die Lahmheit ist immer erheblich.

Die **veralteten** Steingallen kommen mit und ohne Lahmheit vor. Die Pferde haben oft einen klammen Gang oder gehen sehr breit, wenn sie auf harten Boden kommen. Häufig kommen diese Steingallen in Verbindung mit anderen Hufkrankheiten, wie Zwanghufen und Verknöcherung der Hufbeinknorpel vor. Das Horn ist dann in weiter Ausdehnung verfärbt und hat eine wachsartige Beschaffenheit. Häufig findet man schwärzliche Kanäle, die nach oben gehen und in denen sich plötzlich Eiterung einstellt. Die Pferde sind vorübergehend sehr lahm.

Die **Ursachen** liegen:

1. In der Hufform.

Enge Hufe mit ihren steilen Wandungen und mit der starken Neigung der Trachtenwände nach innen, spitze Hufe mit ihren niedrigen, schwachen, stark belasteten Trachten, halbeng-halbweite Hufe mit ihrer ungleichen Belastung neigen zu Quetschungen oder Zerrungen der Fleischteile und damit zu Steingallen.

2. In schlechter Hufpflege.

Zu große Trockenheit der Hufe, besonders in heißen Monaten, zu langes Liegenlassen der Eisen.

3. In Beschneidungsfehlern.

Schiefschneiden des Tragerandes innerhalb einer Hufhälfte; ungleich hohe Trachten, zu hohe Eckstreben, zu viel totes Horn im Sohlenwinkel, zu starkes Beschneiden der Sohle, der Eckstreben und des Strahls.

4. Im Beschlage.

Zu kurze und zu enge Eisen; zu festes Aufliegen der Eisen bei schwachen Trachten. Horizontaler Tragerand bei weiten Hufen. Zu weit nach hinten verteilte Hufnägel.

Behandlung und Beschlag:

Die Behandlung und der Beschlag richten sich nach der Hufform, dem Gebrauchszweck des Pferdes und der Art der Steingalle.

Stets muß zuerst die Beschneidung des Hufes nach der Hufform erfolgen; die bestehenden Fehler müssen beseitigt werden.

Gestattet es die Hufform und der Gebrauchszweck des

Pferdes, so ist bei einfachen und veralteten Steingallen Barfußgehen zweckmäßig. Besteht Lahmheit, so muß diese durch Kühlen beseitigt werden.

Ist Barfußgehen nicht möglich, so verwendet man das geschlossene Eisen mit Ledersohle und Wergpolsterung, bei veralteten Steingallen mit Huflederkittsohlen. Manche Pferde gehen auch auf Strickeisen gut.

Bei Anwendung eines geschlossenen Eisens kann man die kranke Tracht schweben lassen.

Ist der Huf sehr trocken und hart, so erweicht man ihn am besten durch Einschlagen in Leinsamenbrei.

Bei nach innen verlagerten Trachten werden Halbmonde bzw. Dreivierteleisen mit Erfolg gebraucht. Der **halbe** Schenkel kommt bei letzterem Eisen auf die **erkrankte steile** Seite des Hufes zu liegen, z. B. bei **bodenengen** Hufen auf die **äußere Seite.**

Ist die Lahmheit erheblich, klopft die Schienbeinarterie stark, so ist Eiter im Hufe zu vermuten. Man sucht dem Eiter schnell Abfluß zu verschaffen.

Eiternde Steingallen sind gefährliche Hufkrankheiten. Die Behandlung ist Sache des Tierarztes.

3. Die Verbällung.

Unter Verbällung versteht man eine Entzündung der fleischigen Ballen, die fast nur an den Vorderhufen vorkommt.

Die Ballen fühlen sich warm an, und bei Druck auf dieselben zeigen die Pferde Schmerzen. Der Gang ist klamm, oft besteht auch Lahmheit.

Die **Ursachen** sind Greifen der Pferde, andauerndes Arbeiten auf harten, unebenen Straßen, zu kurze Eisen, Beschlag mit Stollen, schlecht entwickelter Strahl.

Die **Behandlung** besteht in Kühlen, dann Aufschlagen von langen, stollenlosen Eisen mit Schwebe; bei schwachen, niedrigen Trachten sind geschlossene Eisen mit breitem Steg und starker Abdachung für den Strahl zu nehmen.

4. Die Verknöcherung der Hufbeinknorpel.

Bei der Verknöcherung der Hufbeinknorpel wandelt sich der elastische Knorpel in harte Knochenmasse um. Der Hufmechanismus wird dadurch behindert, und die im Huf eingeschlossenen Fleischteile werden gequetscht. Es treten Blutungen in ihnen auf, und man findet daher neben der Verknöcherung oft noch Steingallen.

Den verknöcherten Hufknorpel fühlt man als eine harte Masse oberhalb der Krone, letztere ist oft ausgebuchtet.

Fig. 67.

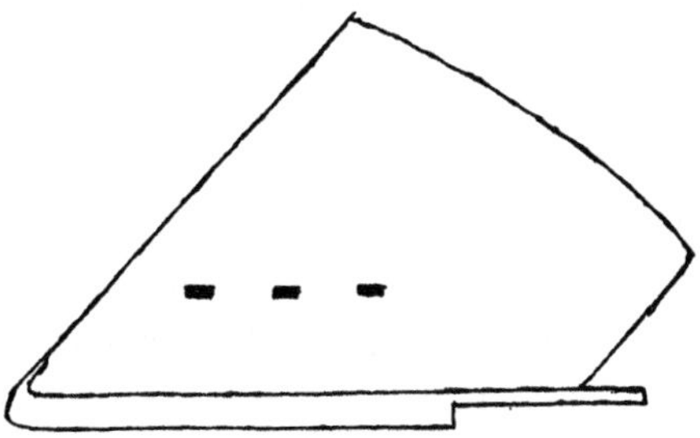

Federeisen.

Das Leiden kommt am häufigsten bei schweren Arbeitspferden, meist an der **steilen, mehr belasteten** Seite des Hufes vor. Lahmheit ist nicht immer vorhanden, wohl aber haben die Pferde oft einen klammen Gang.

Der Zustand ist unheilbar, man kann aber die Pferde bei richtiger Behandlung und entsprechendem Beschlag arbeitsfähig erhalten.

Man macht die Hufe weich durch häufiges Einschlagen in Leinsamen. Am besten gehen die Pferde auf einem glatten Eisen mit Ledersohle und Wergpolsterung, oder auf einem Strickeisen.

Bei **bodenengen** Hufen der schweren Arbeitspferde hat sich, besonders wenn gleichzeitig Steingallen mit Lahmheit bestehen, das sog. Federeisen bewährt (Fig. 67).

Die Schenkelenden werden bei diesem Eisen dicker und breiter geschmiedet. Das Schenkelende, auf welches der erkrankte Teil des Hufes zu ruhen kommt, wird nach dem letzten Nagelloch von der Bodenfläche aus scharf abgesetzt, so daß ein federnder 3—4 mm dicker Teil entsteht. Bei Schrittbewegung verliert sich die Lahmheit allmählich.

5. Das Hufgeschwür.

Unter einem Hufgeschwür versteht man eine Ansammlung von schwärzlichem, flüssigem Eiter, meist an der Verbindung der Blättchenschicht der Fleischwand mit der Hornwand oberhalb der weißen Linie, seltener an anderen Stellen des Hufes.

Hufgeschwüre kommen mehr bei unbeschlagenen als bei beschlagenen Hufen vor.

Die Pferde werden plötzlich lahm, oft sehr erheblich, und zeigen bei der Untersuchung alle Erscheinungen einer frischen Hufentzündung. Zehenfußung und Ueberköten ist sehr häufig.

Legt man einen dünnen Schnitt über den Tragerand an, so findet man meist im Bereiche der weißen Linie eine schwärzliche, oft schon feuchte Stelle. Schneidet man nach, so entleert sich unter hohem Druck befindlicher, schwärzlicher Eiter. Nach dem Entleeren desselben und Einstellen des Hufes in warmes Lysol- oder Creolinwasser ist die Lahmheit in kurzer Zeit beseitigt. Man teert nachher den Kanal ein und legt ein Eisen mit Splintverband oder mit Strohsohle auf.

6. Die Hornspalten.

Hornspalten sind Trennungen der Hornwand in der Längsrichtung der Hornröhrchen.

Nach dem Sitze teilt man dieselben ein:

1. In Tragerandspalten.
2. In Kronenrandspalten.
3. In Eckstrebenspalten.

Nach der Tiefe unterscheidet man

1. oberflächliche Spalten oder Windrisse,
2. tiefere Spalten, die bis in die Schutzschicht reichen,
3. durchdringende Spalten, die durch alle 3 Schichten der Hornwand gehen und oft bluten,
4. Narbenhornrinnen nach Verletzungen von Zotten der Fleischkrone durch Kronentritte.

Geht eine Hornspalte vom Kronen- bis zum Tragerande, so wird sie „durchlaufend" genannt.

1. Die Tragerandspalten.

Die Tragerandspalten kommen meist bei unbeschlagenen Hufen vor infolge schlechten Berundens. Sie sind ungefährlich und heilen unter Beschlag von selbst zu. Um ein Weiterreißen nach oben zu verhindern, brennt man eine Querrinne am oberen Ende der Spalte ein.

2. Die Kronenrandspalten.

Die Kronenrandspalten sind **erheblichere** Hufleiden. Sie kommen am häufigsten in der Zeit des Haarwechsels der Pferde vor, sogar schon verheilte Spalten reißen in dieser Zeit leicht wieder ein.

Befinden sich oberflächliche Spalten oder Narbenhornrinnen an den **mehrbelasteten** Wandabschnitten, so kann sich bei Beschneidungs- und Beschlagfehlern aus einer Rinne eine Hornspalte entwickeln, z. B. bei **bodenengen** Hufen an der **äußeren Seite**, bei **stumpfen** Hufen an der **Zehe.**

Die Heilung einer Spalte erfolgt durch Nachwachsen zusammenhängenden Hornes von der Krone aus. Man muß zur schnelleren oder besseren Heilung eine Feststellung der Spaltränder zu erreichen suchen. Es geschieht dies durch Niete, durch Klammern oder durch einen Verband.

Die Niete werden quer durch die Spalte geführt, nachdem vorher mit dem Drillbohrer oder mit einem Pfriemen ein Kanal angelegt ist. Das Nieten verlangt Geschicklichkeit und soll vorher an toten Hufen fleißig geübt werden; es ist die beste Feststellung der Spaltränder. Lahmt das Pferd an einer Spalte, so soll man die Lahmheit erst durch Ruhe und Kühlen zu beseitigen versuchen. **Stark klaffende** Spalten nietet man **nicht** gleich **ganz zusammen,** sondern zieht nach einigen Tagen das Niet etwas nach, man klemmt sonst leicht vorgefallene Blättchen der Fleischwand ein und die Pferde sind dann nach dem Nieten sehr lahm.

Klammern und Agraffen, die auf der Hornwand befestigt werden, stellen die Spaltränder nicht so fest.

Ein Verband kommt zur Anwendung, wenn die Hornwand zum Nieten zu dünn ist.

Die Beurteilung der Heilbarkeit einer Spalte richtet sich nach folgenden Erfahrungssätzen:

Spalten ohne Lahmheit sind günstiger zu beurteilen als die mit Lahmheit.

Spalten, die in gerader Richtung verlaufen, heilen besser als solche in Zickzacklinie.

Weit klaffende, bewegliche Spalten, oder solche, deren Ränder sich übereinander legen, heilen schlechter. Hornspalten an konkav verbogenen Wänden sind ungünstiger zu beurteilen.

Ist die Hornwand dick, läßt sich ein Niet durch die Spalte ziehen, und hat der Huf gut entwickelte Trachten und einen gesunden Strahl, so tritt leichter Heilung ein.

Hohe Aktion der Gliedmaßen, sowie andauerndes Arbeiten in schneller Gangart auf hartem Boden beeinflussen die Heilung ungünstig.

Blutende Hornspalten sind meist schwieriger zu heilen. Bei blutenden und stark klaffenden Spalten dringt leicht Schmutz ein, es entstehen dann **eiternde** Hornspalten, die stets mit starker Lahmheit verbunden sind.

Man teilt die Kronenrandspalten ein in

a) Zehenwandspalten.

Die Zehenspalten kommen meist bei **stumpfen** Hufen vor, bei Hinterhufen häufiger als bei Vorderhufen. Die Spalten verlaufen fast immer vom Kronen- bis zum Tragerand und durchdringen meist alle 3 Schichten der Hornwand, sie öffnen sich bei der Entlastung des Hufes und schließen sich wieder bei der Belastung.

Fig. 68.

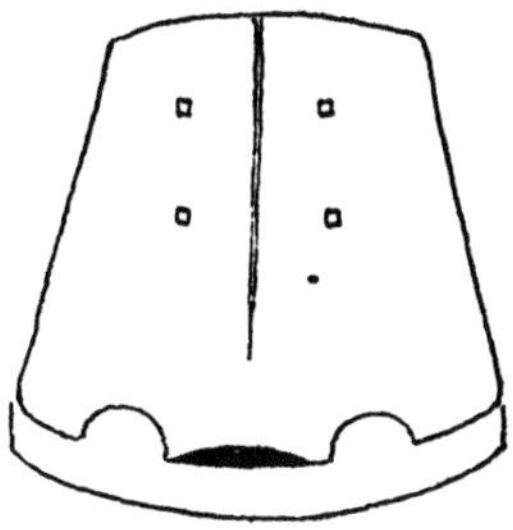

Zehenspalte beschlagen.

Ursachen:

Beschlag mit Griff und Stollen; starkes Anrichten der Zehenaufzüge, besonders bei stumpfen Hufen; Kronentritte an der Zehe mit nachfolgender Narbenhornrinne.

Beschlag:

Wenn die Spaltenränder stark klaffen, ein glattes Eisen mit Eckstrebenaufzügen oder ein Schlußeisen mit Hufléderkittsohle, 2 seitliche Zehenaufzüge; Nagelung weit nach hinten verteilt; unter der Spalte eine starke Schwebe, die für eine Beschlagperiode ausreicht: **2 Niete,** die am **belasteten Hufe** angebracht werden, das erste 2 cm unterhalb der Krone, das zweite einige Zentimeter tiefer.

b) Seitenwandspalten.

Diese Spalten kommen besonders an den **steilen,** mehr belasteten Wandabschnitten vor und zwar **meist an der weitesten Stelle des Hufes;** sie öffnen sich bei der Belastung und schließen sich bei der Entlastung.

Ursachen:

Schlechte Hufpflege, besonders zu starkes Trockenhalten der Hufe; dünne Hornwände: verlagerte Trachten; Zwanghufe und Strahlfäule. Schiefschneiden des Tragerandes innerhalb einer Wandhälfte, zu hohe innere Tracht bei diagonalen Hufen: zu enge und zu kurze Eisen. Eisen, die bei nach innen verlagerten Trachten nicht nach dem Verlauf der Krone gerichtet sind; falscher Tragerand, zu starke Schwebe.

Beschlag:

Man sorge für einen planen Auftritt. Erlaubt es der Gebrauch des Pferdes und die Hufform, so ist Barfußgehen sehr zweckmäßig, ebenso der Beschlag mit Halbmonden oder

Dreivierteleisen. Der halbe Schenkel muß weiter nach hinten reichen als eine Senkrechte vom Anfang der Hornspalte nach unten gezogen (Fig. 69).

Wo dieser Beschlag nicht durchführbar, kommt das geschlossene Eisen zur Anwendung. Dasselbe muß den Strahl zum Tragen heranziehen.

Fig. 69.

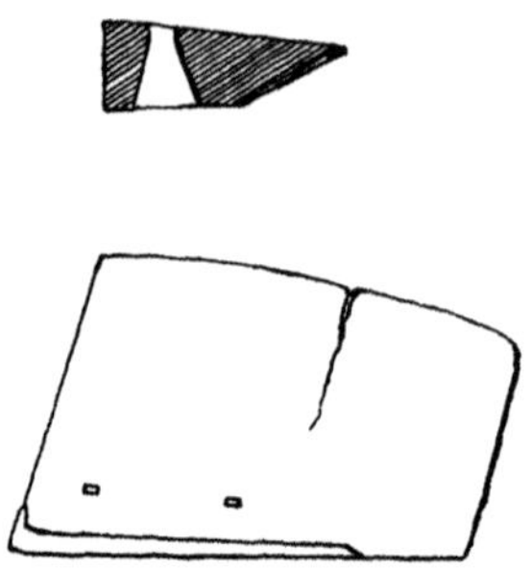

Beschlag mit Halbmondeisen.

Hufeinlagen, besonders Ledersohlen mit Wergpolsterung sowie Huflederkittsohlen leisten gute Dienste. Ist der Strahl stark verkümmert und besteht gleichzeitig Trachtenzwang, so nimmt man Eisen mit Eckstrebenaufzügen und behandelt den Strahl, bis er durch Nachwachsen wieder mit den Trachten in einer Höhe ist.

Ferner **nietet** man die Hornspalte am **entlasteten Hufe** oder legt einen Verband an.

Unter der Hornspalte macht man eine Schwebe, die für eine Beschlagperiode ausreicht und so weit nach hinten reicht wie eine Senkrechte vom Anfang der Hornspalte nach unten gezogen.

c) Trachtenwandspalten.

Dieselben kommen besonders bei **spitzen** Hufen vor, aber auch bei den stumpfen Hufen der Traber mit hoher Aktion.

Heilung tritt ein bei Anwendung eines Schlußeisens mit Ledersohle. Bei Traberpferden bereitet die Heilung oft Schwierigkeiten.

3. Die Eckstrebenspalten, auch Eckstrebenbrüche genannt.

Die Eckstrebenspalten kommen besonders bei **spitzen** Hufen vor, sind schwer zu heilen und häufig mit Lahmheit verbunden; oft tritt die Spalte erst zutage bei Fortnahme des toten Hornes aus den Sohlenschenkeln. Man sieht dann einen schwarzen oder rot gefärbten Riß, die Lahmheit ist meist sehr erheblich und mit Eiterung verbunden.

Ursachen:

Eingezogene Trachten, zu hohe und daher verbogene Eckstreben, zu hohe Trachten.

Behandlung und Beschlag:

Das tote Horn ist vorsichtig aus dem Sohlenschenkel zu entfernen, und die Spaltenränder sind zu verdünnen. Besteht Lahmheit, so ist diese zunächst durch warme Fußbäder zu beseitigen. An der Spalte muß zur Heilung möglichst Ruhe bestehen. Man erreicht dies durch ein geschlossenes Eisen mit Ledersohle; die erkrankte Tracht läßt man gut schweben und macht die Abdachung des Eisens bis zum Stege desselben.

Man läßt die Pferde **längere Zeit** auf Schlußeisen gehen da Eckstrebenspalten leicht wiederkehren.

7. Die Hornkluft.

Unter Hornkluft versteht man eine Trennung der Hornwand in der Querrichtung der Hornröhrchen.

Ursachen:

Meist infolge von Kronentritten, die mit Eiterung verbunden waren; es wird dann die Hornbildung in den Fleischzöttchen gestört, und es bildet sich in der Hornwand eine Lücke. Die Hornkluft wächst allmählich vom Kronen- zum Tragerand hinab.

Beschlag:

Unterhalb der Hornkluft macht man eine Schwebe. Ist die Stelle hinunter gewachsen, so nagelt man hier nicht, sondern gibt dem Eisen durch 2 Aufzüge am Hufe mehr Halt.

8. Die lose Wand.

Unter loser Wand versteht man die Trennung der Hornwand von der Hornsohle innerhalb der weißen Linie. Dieselbe kommt meist an den Vorderhufen vor, sowohl bei beschlagenen als auch bei unbeschlagenen. Die lose Wand ist entweder nur oberflächlich oder tiefgehend, nur letztere kann mit Lahmheit verbunden sein, in seltenen Fällen auch mit Eiterung. Geringgradige lose Wand bei sonst gesunden Hufen ist nicht von Bedeutung.

Ausgedehntere lose Wand, besonders bei spitzen weiten Hufen, ist schwer zu beseitigen, und sind diese Pferde zu schnelleren Gangarten auf harten Straßen nicht zu gebrauchen. Durch geeigneten Beschlag können die Tiere in Schrittarbeit volle Verwendung finden.

Erstreckt sich die Trennung der Wand von der Sohle über größere Abschnitte des Hufes und reicht dieselbe weit nach oben, so spricht man von getrennter Wand. Dieselbe kommt besonders bei weiten Hufen vor; man findet in den getrennten Wandabschnitten oft eine schwärzliche schmierige Masse, meist sind die Pferde auch lahm.

Ursachen:

Sehr schräger Verlauf der Wandungen bei weiten Hufen mit flach gewölbten Sohlen, zu starkes Erweichen der weiten Hufe, mangelhaftes Berunden beim Barfußgeßen, schiefer Auftritt, zu schmale und zu enge Eisen, falscher Tragerand am Eisen, wenn das Eisen am inneren Rande dicker ist als am äußeren, mangelhafte Berührung vom Huf mit dem Eisen, zu starkes Aufsengen und zu langes Liegenlassen der Eisen.

Behandlung und Beschlag:

Besteht Lahmheit, so muß diese durch Ruhe und Kühlen beseitigt werden.

Man beschneidet dann die Hufe der Form entsprechend und sorgt für einen planen Auftritt. Gegen die Fleischwand verbogene Hornwandabschnitte beraspelt man von oben und legt am Hufe einen breiten Tragerand an. Die ausgehöhlte Stelle wird mit Lysol- oder Creolinlösung gereinigt, dann mit Teer bestrichen und mit Werg ausgefüllt.

Bei **nicht ausgebreiteter loser Wand** genügt ein **offenes** Eisen mit einem nach innen abfallenden Tragerand. Ein inniges Berühren von Eisen und Huf muß beim Aufpassen erreicht werden. Durch einen Seitenaufzug gibt man dem Eisen mehr Halt auf dem Hufe.

Bei **ausgedehnter loser** Wand kommt das **geschlossene** Eisen zur Anwendung, das besonders breit sein kann und innen und außen mit Seitenaufzug zu versehen ist, damit der Huf am Tragerand festgestellt wird. Bei Lahmheit nimmt man eine Ledersohle mit Wergpolsterung.

Der Beschlag muß alle 4—5 Wochen erneuert werden.

Gehen die Pferde nach dem Beschlage noch geringgradig lahm, so legt sich meist die Lahmheit bei Schrittbewegung in einigen Tagen.

Eisen mit Griff und Stollen sind stets zu vermeiden.

9. Die hohle Wand.

Die hohle Wand ist eine ausgebreitete Trennung der Hornwand von der Blättchenschicht, wobei es zur Bildung eines Hohlraumes kommt. Von außen erscheint die Hornwand an dieser Stelle abgebogen, beim Beklopfen hört man einen hohlen Klang. Die hohle Wand erstreckt sich oft über große Abschnitte des Hufes.

Von hohler Wand werden meist äußerlich gesund aussehende Hufe mit kräftigen, steilen Wänden betroffen; Lahmheit ist selten.

Ursache:

Gewaltsame Einwirkung auf die Hornwand mit nachfolgender, schleichender Entzündung, z. B Sitzenbleiben eines Hufes mit den Eisenschenkeln in den Straßenbahnschienen.

Behandlung und Beschlag:

Reinigen der Höhle und Ausfüllen mit Teer und Werg, Freilegen der kranken Wandabschnitte; bei größerer Ausdehnung ein Schlußeisen.

Heilung erfolgt langsam, oft hilft nur, die abgetrennte Hornwand ganz fortzunehmen und das Horn unter Teerverband nachwachsen zu lassen. Dauer bis zu 6 Monaten.

10. Die Fäulnisvorgänge am Hufhorn.

a) Die Wandfäule.

Unter Wandfäule versteht man eine Zerstörung des Wandhorns durch Fäulnisvorgänge, wobei sich dasselbe in eine schwärzliche, bröcklige Masse auflöst. Das Horn verliert hierbei allmählich an Festigkeit, und die Eisen lockern sich alsdann leicht.

Ursachen:

Mürbe Beschaffenheit des Hufhorns z. B. bei weiten Hufen; nasse Streu, zu häufiges Waschen der Hufe, Benutzung ranziger Huffette, welche die Glasurschicht zerstören; zu schmaler Tragerand am Huf und Eisen; undicht aufgepaßte und zu schwere Eisen, Offenlassen der alten Nagelkanäle.

Behandlung und Beschlag:

Entfernen der losen bröckligen Hornteile, Reinigen des Hufes mit 3proz. Lysol- oder Creolinlösung. Alsdann sorge man für einen planen Auftritt, brenne das Eisen etwas mehr auf, um eine innige Berührung von Eisen und Huf zu erreichen, lasse die Brandkruste sitzen, damit die Hornröhrchen zugeschmort bleiben und keine Feuchtigkeit aufnehmen.

Zweckmäßig nimmt man ein geschlossenes Eisen mit Seitenaufzug, nagelt überall, wo festes Horn ist und nietet besonders sorgfältig zu. Die alten Nagellöcher werden gut verkittet. Halbmonde kommen bei entsprechender Hufform mit Erfolg zur Anwendung.

Trockene Streu und häufiges Einteeren der unteren Huffläche sind zur Beseitigung der Wandfäule erforderlich.

b) Die Strahlfäule.

Unter Strahlfäule versteht man die Zerstörung des Strahlhorns durch Fäulnisvorgänge, wobei sich das Horn in eine schmierige, übelriechende Masse auflöst.

Die Fäulnis beginnt meist in der mittleren Strahlfurche und breitet sich von hier weiter aus. Es bilden sich Gänge und Kanäle, das Horn des Strahls wird allmählich zerstört, verliert seine elastische Eigenschaft, der Strahl schwindet oft ganz. Greift die Fäulnis auf die Ballen über, so erkrankt auch das Saumband, es entstehen die Saumbandringe, welche auf der Hornwand liegen und vom Kronen- zum Tragerand laufen.

Verkümmert der Strahl, so kommt er nicht mehr mit dem Erdboden in Berührung, schwindet dann immer mehr, die Trachtenecken rücken zusammen, es können sich Zwanghufe, Hornspalten und Steingallen entwickeln.

Ursachen:

Schlechte Streu, mangelhafte Hufpflege, zu starke Beschneidung des Strahls, ungleich hohe Trachten, wodurch die mittlere Strahlfurche einreißt, Hufeinlagen, die die Luft vom Strahl abhalten.

Behandlung:

Die von Fäulnis angegriffenen Stellen werden vorsichtig mit dem Rinnmesser entfernt und die Gänge und Kanäle freigelegt. Dann reinigt man den Strahl mit 3proz. Lysol- oder Creolinlösung oder macht ein Fußbad in Chlorkalkwasser und wiederholt dies so lange, bis die Fäulnis beseitigt ist.

Ist der Strahl sehr weich, so nimmt man austrocknende Mittel, wie pulverisierten, gebrannten Alaun. Im Stall legt man zur Abhaltung der Feuchtigkeit eine Strohsohle ein.

Nach Beseitigung der Fäulnis teert man fleißig.

Haben sich die Trachtenecken gegen den Strahl verbogen, so müssen dieselben vorsichtig fortgenommen werden, damit der Strahl Platz findet, sich wieder auszudehnen.

Barfußgehen, Beschlag mit Halbmonden bzw. mit Dreivierteleisen, sowie Bewegung sind sehr zweckmäßig.

Gute Streu und gute Hufpflege sind besonders wichtig.

11. Die Zwanghufe.

Als Zwanghuf bezeichnet man eine Verengerung an der Hornkapsel, wodurch die Fleischteile gedrückt und eingezwängt werden.

Ist diese Verengerung nur gering, so verlieren die Pferde, besonders auf hartem Boden, ihren freien Gang, sie gehen klamm; ist die Verengerung aber erheblich, so stellt sich Lahmheit ein.

Nach dem Sitz der Verengerung unterscheidet man:

1. Trachtenzwang.
2. Kronenzwang.
3. Sohlenzwang.

1. Der Trachtenzwang.

a) Der Zwang enger Hufe (eigentlicher Trachtenzwang).

Es besteht eine Verengerung an den hinteren Abschnitten des Hufes, die Trachtenwände sind stärker nach innen geneigt, der Strahl und das Strahlpolster sind geschwunden, die Eckstreben gegen die Sohlenschenkel verbogen.

Das Leiden fängt oft mit verschobenen, nach innen verlagerten Trachten oder gegen den Strahl verbogenen Trachtenecken an.

Werden diese Veränderungen bei der Beschneidung des Hufes übersehen, so verengert sich der Huf hinten immer mehr. Die Trachtenecken rücken zusammen, der Strahl wird länger und schmaler, die Strahlfurchen werden tiefer, die Sohle wölbt sich nach aufwärts; der ganze Huf wird am Tragerande enger als am Kronenrande (Fig. 70).

Bei **bodenengen** und **bodenweiten** Hufen, besonders wenn dieselben **mit diagonaler Umformung** verbunden sind, kommen die beschriebenen Veränderungen oft **nur einseitig**, und zwar auf der **steilen** Seite vor. (Halber Zwanghuf.)

Bei diagonalen Hufen sieht man die innere Trachtenwand nach oben verschoben; ist der Strahl ganz geschwunden, so legt sich der innere, nach oben verschobene Ballen über den äußeren (Fig. 71).

Der Zwang enger Hufe kommt fast nur bei beschlagenen Pferden vor. Sind die Veränderungen nicht hochgradig, so bekunden die Pferde die Enge im Hornschuh durch Vorsetzen der Hufe, durch klammen Gang besonders in trockner Jahreszeit und auf hartem Boden, und durch häufiges Stolpern.

Ist der Zwanghuf hochgradig entwickelt, so lahmen die Pferde, stellen die Fesselgelenke steiler, werden auch lose im Knie. Gleichzeitig entwickeln sich Steingallen oder Hornspalten.

Fig. 70.

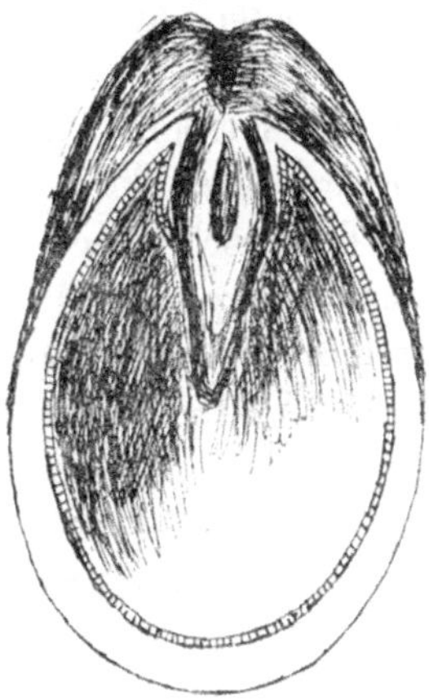

Trachtenzwanghuf.

Fig. 71.

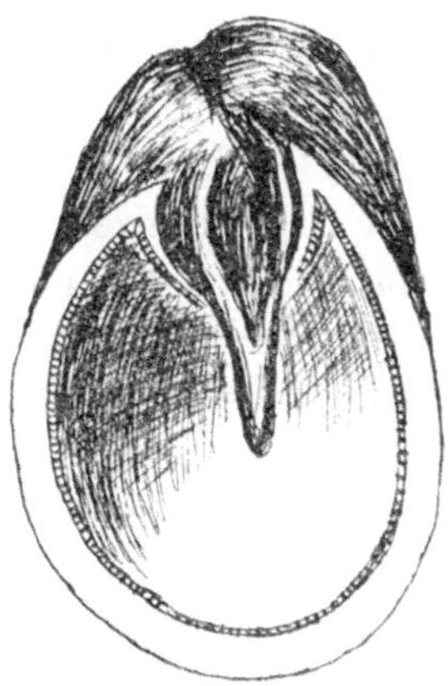

Zwanghuf diagonaler Hufe.

Ursachen:

Starkes Austrocknen der Hufe, mangelnde Bewegung, schlechte Strahlpflege. Zu hohe Trachten, so daß der Strahl nicht mit dem Boden in Berührung kommt und infolge dessen verkümmert; zu lange Zehe, zu starkes Beschneiden der Sohlenschenkel, der Eckstreben und des Strahls.

Zu enge und zu kurze Eisen, falscher Tragerand, andauernder Beschlag mit Stollen.

Behandlung und Beschlag:

Man beseitigt die Ursachen und sorgt für einen planen Auftritt. Die gegen den Strahl verbogenen Trachtenecken entfernt man und läßt den verkümmerten Strahl gut pflegen. Zu trockene Hufe müssen feucht eingeschlagen werden.

Barfußgehen, Beschlag mit Halbmonden bzw. Dreivierteleisen werden mit gutem Erfolg angewandt.

Sind ganze Eisen erforderlich, so nimmt man bei leichten Graden des Zwanghufes glatte Eisen. Der Tragerand fällt an den Schenkelenden nach außen ab, genagelt wird in den vorderen Teilen des Hufes.

Auch das Eisen mit Eckstrebenaufzügen kommt zur Anwendung, besonders wenn der Huf am Tragerande enger ist als am Kronenrande.

Die Erweiterung des Hufes durch Eisen mit einer Erweiterungsschraube kann nur durch Tierärzte bewirkt werden.

Bei hochgradigem Zwanghuf wird das geschlossene Eisen gebraucht, entweder mit Ledersohle und Wergpolsterung oder mit Hufledcrkitteinlage. Gerade letztere Einlage erweitert langsam aber sicher den Huf, und zwar vom Kronenrande aus.

b) Der Zwang regelmäßiger und spitzer Hufe.

Es besteht an den Trachten eine Einschnürung, bei den halbeng-halbweiten und diagonalen Hufen oft nur einseitig an der steilen Wandhälfte.

Neben der Einschnürung findet man häufig mehrere parallel verlaufende Ringe.

Der Strahl ist schmaler, die Eckstreben sind verbogen, die Pferde haben meist einen klammen Gang.

Ursachen:

Zu lange Zehe, besonders bei spitzen Hufen, zu starkes Beschneiden der Sohlenschenkel und der Eckstreben. Zu kurze und zu enge Eisen, Beschlag mit Stollen.

Behandlung und Beschlag:

Beseitigung der Beschneidungsfehler. Bei regelmäßigen

Hufen Barfußgehen oder Beschlag mit Halbmonden; bei spitzen Hufen lange, weite Schlußeisen mit Ledersohle und Wergpolsterung.

2. Der Kronenzwang.

Der Kronenzwang kommt bei **weiten Hufen** vor; es besteht eine Einschnürung unter der Krone an den Trachten, oft auch bis zu den Seitenwänden hin.

Fig. 72.

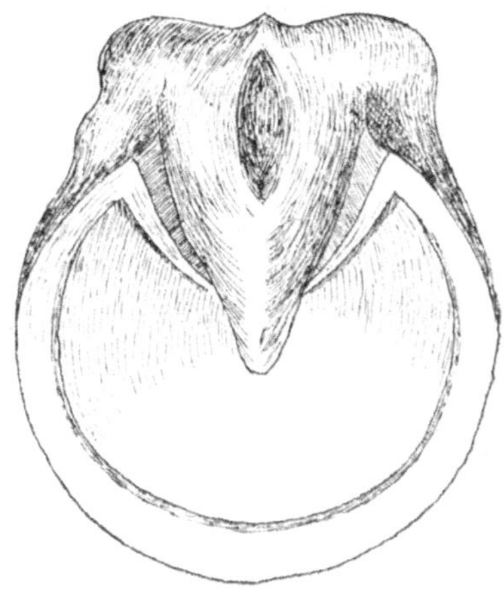

Kronenzwang.

Man sieht diesen Zwang besonders bei Niederungspferden, wenn dieselben vom Lande auf das Pflaster der Stadt kommen und wegen Druse längere Zeit im Stalle stehen müssen, sich allmählich entwickeln.

Die Lahmheit ist oft erheblich und dauert so lange, bis die Einschnürung hinuntergewachsen ist.

Ursachen:

Die weiten Hufe neigen zu einer Verengerung am Kronenrande, weil die Hornwände sehr schräg nach außen stehen.

Werden nach dem Ueberführen der Pferde auf das Pflaster der Stadt die Hufe nicht mit Rücksicht auf ihre Form beschnitten und beschlagen, so erkranken sie leicht an Kronenzwang.

Die hauptsächlichsten Beschneidungs- und Beschlagsfehler sind folgende:

Zu starkes Erniedrigen der Hufe und Beraspeln der Wände von oben. (Letzteres geschieht oft auf Wunsch der Pferdehändler bei neuangekommenen schweren Arbeitspferden, um den Hufen ein besseres Aussehen zu geben.)

Zu starkes Ausschneiden der Sohle.

Zu schmale, zu enge und zu kurze Eisen, wagerechter Tragerand; Stolleneisen, die den Strahl noch mehr vom Boden entfernen.

Behandlung und Beschlag:

Zur Beseitigung des Kronenzwanges und der damit verbundenen Lahmheit ist Arbeit nötig.

Zum Beschlagen nimmt man ein **geschlossenes, breites, langes** und **weites** Eisen. Im Steg muß eine gute Abdachung für den Strahl sein. Damit der Huf am Tragerande nicht noch weiter wird, bringt man am Eisen **innen** und **außen** einen **Seitenaufzug** an, nagelt mit möglichst vielen Nägeln das Eisen auf und verteilt dieselben weit nach hinten.

3. Der Sohlenzwang.

Der Sohlenzwang ist selten, kommt besonders bei **Hufen mit dicken Wandungen** vor und hat nur an Vorderhufen Bedeutung.

Die Zehenwand ist krallenartig verbogen, die Trachten sind stark untergeschoben, die Sohle mehr gewölbt.

Fig. 73.

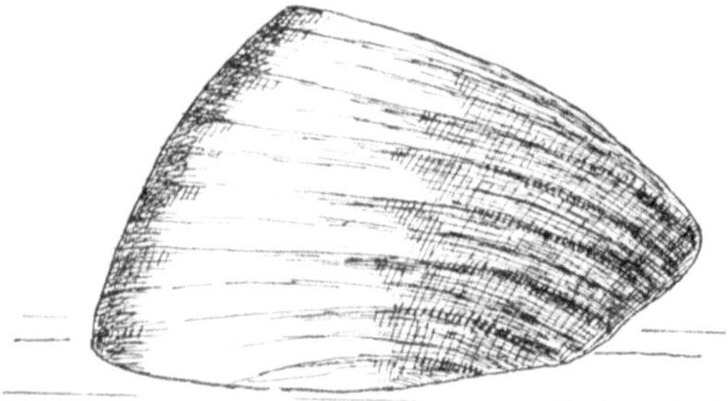

Sohlenzwang.

Die Pferde haben meist einen stolperigen Gang und laufen sich eine starke Zehenrichtung an.

Ursachen:

Zu viel Horn bei starkwandigen Hufen, besonders in der Sohle, große Trockenheit des Horns, zu wenig Bewegung.

Behandlung und Beschlag:

Erweichende Umschläge, Entfernen des toten Hornes aus der Sohle, und zwar mehr als gewöhnlich; Halbmonde oder glatte Eisen mit starker Zehenrichtung und 2 Seitenaufzügen.

11a. Die eingewickelten Trachten.

Dieses Leiden kommt besonders bei spitzen, weiten Hufen mit niedrigen, schwachen Trachten vor.

Die Trachtenwände haben sich nach dem Strahl zu umgewickelt und liegen auf den Eckstreben, die unterhalb gelegenen Fleischteile werden gequetscht. Die Pferde gehen meist lahm, nicht selten bestehen gleichzeitig Steingallen und Eckstrebenbrüche, die erst nach Fortnahme des toten Hornes aus den Sohlenschenkeln zu Tage treten.

Behandlung und Beschlag:

Zurückschneiden der umgewickelten Trachtenwände, Entfernen des toten Hornes aus den Sohlenwinkeln, bis die Verbindung der weißen Linie mit der Eckstrebe deutlich hervortritt. Schlußeisen mit Ledersohle.

12. Flach- und Vollhufe.

Bei einem Flachhuf ist die Sohle sehr wenig gewölbt und liegt mit dem Tragerand des Hufes in einer Ebene.

Am häufigsten findet man ihn bei den weiten Hufen der Marschpferde; der Strahl ist sehr breit, stark entwickelt und liegt tiefer als die Trachten.

Ursachen:

Starkes Erweichen der Hufe, Schwächen der Hornsohle, zu schmaler Tragerand am Huf.

Zu dünne und zu schmale Eisen, horizontaler Tragerand; Beschlag mit Griff und Stollen.

Beschlag:

Sohle und Strahl sind zu schonen, am Huf ist ein breiter

Tragerand anzulegen. Dickes, breites, stollenloses Eisen mit stark schräg nach innen abfallendem Tragerand und zwei Seitenaufzügen. Schlußeisen mit Ledersohle ist oft sehr zweckmäßig.

Die Eisen läßt man **lange liegen**, da diese Hufe langsam wachsen.

Bei einem Vollhufe ist die Sohle nach unten hervorgewölbt.

Man unterscheidet ganzen und halben Vollhuf, Sohlenkörper- und Sohlenschenkel-Vollhuf. Pferde mit Vollhufen sind auf dem Pflaster nur im Schritt zu gebrauchen.

Der Zustand ist unheilbar.

Behandlung und Beschlag:

Das Eisen ist vorsichtig abzunehmen. Da die Pferde ohne Eisen nur kurze Zeit stehen können, ist ein Huf nach dem anderen zu beschlagen.

Das Horn ist an der Sohle meist sehr dünn, man darf hier also nur wenig und vorsichtig schneiden. Der Beschlag ist nach dem Grade der Herabwölbung der Sohle, nach der Breite des Tragerandes und der Beschaffenheit der Hornwand verschieden. Hat der Tragerand noch Horn und besteht nur Sohlenschenkel-Vollhuf, so nimmt man ein breites, geschlossenes Eisen, das an den Schenkelenden gut abgedacht ist.

Bei mangelhaftem Tragerand und ganzem Vollhuf sucht man den Tragerand durch Huflederkitt zu ersetzen. Alsdann nimmt man ein breites, geschlossenes Eisen mit 2 Seitenaufzügen; die Abdachung im Eisen muß so stark sein, daß die Sohle, welche gegen jeden Druck sehr empfindlich ist, nicht mit dem Eisen in Berührung kommt. Eine Ledersohle ist sehr geeignet. Bei hochgradigem Vollhuf muß man oft ein Schlußeisen mit Griff und Stollen nehmen. Man nagelt da, wo gutes Horn ist, und läßt die Eisen möglichst lange liegen.

13. Der Rehe- und Knollhuf.

Unter Rehe oder Verschlag versteht man eine Entzündung an der Fleischwand der Zehe. Durch dieselbe lockert sich die Verbindung der Fleisch- mit den Hornblättchen, das Hufbein ändert seine Lage, es stellt sich mehr senkrecht; der scharfe Rand kommt oft vor der Strahlspitze zum Durchbruch. Die Zehenwand weicht in der entgegengesetzten Richtung ab und stellt sich nicht selten mehr horizontal. Die Kronenwulst fällt ein (Fig. 74).

Fig. 74.

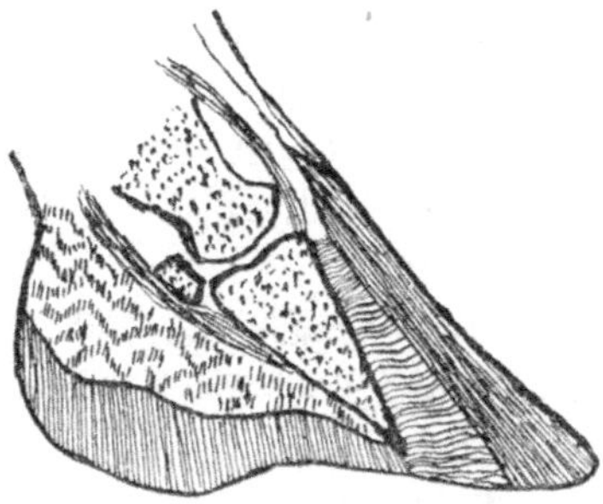

Der Rehehuf.

Die Rehe befällt meist die Vorderhufe, seltener die Hinterhufe, noch seltener alle vier Hufe.

Die Pferde äußern bei dieser Erkrankung große Schmerzen an der Zehe; hier sind alle Erscheinungen einer frischen Hufentzündung festzustellen. Die Gliedmaßen werden schleudernd nach vorn gebracht und wegen der Schmerzen an der Zehe nur mit den Trachten aufgesetzt. Oft liegen die Tiere viel, sind nur schwer zum Aufstehen zu bewegen. Bei den ersten Schritten nach dem Aufstehen äußern die Pferde starke Schmerzen und schwitzen erheblich.

Besteht die Rehe längere Zeit und ist die Erkrankung hochgradig, so formen sich die Hufe zu Rehehufen um. Die Trachten sind höher und steiler, die Zehenwand ist gegen die Fleischteile eingebogen, die sonst wulstige Krone eingefallen.

Die Sohle ist vor der Strahlspitze abgeflacht, und es kann bei schwerer Erkrankung das Hufbein mit seiner Spitze durch die Hornsohle durchkommen. Ferner bilden sich am Hufe Ringe, die an der **Zehe dicht zusammenliegen** und nach den **Trachten auseinander gehen.**

Die Zehenwand verdickt sich immer mehr und erhält oft knollenartige Auflagerungen; es hat sich aus dem Rehehuf ein Knollhuf gebildet. Die weiße Linie erscheint stark verbreitert, das Horn derselben ist mürbe und bröcklig.

Die Entzündung an der Fleischwand der Zehe kann bei frühzeitiger Behandlung beseitigt werden, so daß es nicht zur Entstehung des eben beschriebenen Rehehufes kommt.

Werden die Pferde aber zu spät in Behandlung genommen, oder ist die Erkrankung besonders hochgradig, so läßt sich die Entwickelung des Rehe- bezw. Knollhufes nicht verhindern.

Die **Ursache** der Rehe ist entweder Ueberfütterung oder Erkältung; auch nach großen Anstrengungen, z. B. Distanzritten erkranken die Pferde daran.

Behandlung und Beschlag:

Der Schmied bekommt den Rehe- und Knollhuf in den verschiedensten Graden der Entwickelung zu sehen. Dementsprechend ist auch die Beschneidung und der Beschlag verschieden.

Die eingebogene und verdickte Zehenwand beraspelt man von oben bis zur Grenze der verbreitert erscheinenden weißen Linie. **Vor der Strahlspitze sei man vorsichtig** mit Fortnahme des toten Hornes aus der abgeflachten Sohle, da hier leicht durchgeschnitten werden kann; die Trachten müssen erniedrigt werden.

Ist die Hornsohle noch gewölbt, so kann man ein einfaches Eisen nehmen, zeigen sich noch Schmerzen an der Zehenwand, so nimmt man anstatt des Zehenaufzuges 2 seitliche Zehenaufzüge und macht an der Zehe des Hufes eine starke Schwebe; man nagelt mehr nach hinten.

Bei abgeflachter Hornsohle nimmt man ein Schlußeisen, das an der Zehe besonders breit ist. Den Steg des Eisens bettet man gut in den Strahl ein, um bei der Trachtenfußung ein Verschieben des Eisens nach vorn zu verhindern. An der Zehe des Hufes macht man ebenfalls eine starke Schwebe und nagelt weit nach hinten. Eine Ledersohle nebst Wergpolsterung ist sehr zweckmäßig.

Bei Reitpferden kommen oft Halbmonde mit gutem Erfolg zur Anwendung.

Knollhufe sind besonders schwierig zu beschlagen. Die knollenartigen Auflagerungen müssen vorsichtig mit der Raspel abgetragen werden. Häufig besteht an der Zehenwand noch hohle Wand.

Der Beschlag ist auszuführen wie bei Rehehufen. Derselbe erfordert die ganze Geschicklichkeit eines guten Schmiedes.

14. Der Bockhuf.

Als Bockhuf bezeichnet man einen Huf, bei welchem die Trachten im Verhältnis zur Zehe viel zu hoch sind.

Der Bockhuf kann

1. angeboren sein.

   Bei der bärenfüßigen und stark rückständigen Stellung; alsdann ohne Bedeutung. In seltenen Fällen ist auch nur an einem Schenkel ein Bockhuf vorhanden.

2. erworben sein.

Durch Krankheiten der Gliedmaßen, z. B. Schale, Spat, Sehnenverkürzung.

Man muß alsdann die Trachten möglichst schonen, oft noch künstlich erhöhen durch Eisen mit verdickten Schenkeln oder durch Stollen.

Bei stark verbrauchten Hintergliedmaßen bildet sich oft der Bockhuf so hochgradig aus, daß die Zehenwand senkrecht steht und die Trachten gar nicht den Boden berühren.

Die Pferde schleifen sich bei der Arbeit die Zehe stark ab.

Man schont auch hier die Trachten, und nimmt ein

Stolleneisen mit breiter Zehe und starker Zehenrichtung. Die Ränder des Eisens an der Zehe sind ausgesprochen bodenweit. Bei sehr starker Zehenabnutzung am Eisen muß man noch eine Stahlplatte einschweißen.

Fig. 75.

Stelzfuß.

Am hochgradigsten ist der Bockhuf beim Stelzfuß entwickelt. Hier kippt das Fessel und der Huf nach vorn über, es tritt Ueberköten ein. Man schlägt dann ein Bügeleisen auf (Fig. 75).

Bei **jungen Pferden** entsteht oft Bockhuf infolge schlechter Hufpflege beim Barfußgehen. Hier muß man versuchen, die Hufe wieder in ihre natürliche Form, passend zum Fesselstand, zurückzubringen. Es wird dies erreicht durch allmähliche Erniedrigung der Trachten sowie durch Beschlag mit Halbmonden.

15. Die Hornsäule.

Eine Hornsäule ist eine schwielige Verdickung in der Blättchenschicht der Hornwand, die auf die Fleischwand und auf das Hufbein einen Druck ausübt. Leicht kann hierdurch Lahmheit entstehen. Hornsäulen sind oft mit Zehenspalten verbunden.

Macht man einen dünnen Schnitt über den Tragerand, so zeigt sich in der weißen Linie oft eine der Dicke der Hornsäule entsprechende Verbreiterung nach der Hornsohle hin. In der Umgebung sieht das Horn wachsartig aus.

Hornsäulen sind ungünstig zu beurteilen, dieselben können nur durch eine Operation beseitigt werden.

Beim Beschlage läßt man an der Stelle, wo die Hornsäule sich befindet, eine starke Schwebe am Huf anbringen.

16. Der Hufkrebs.

Unter Hufkrebs versteht man eine langsam verlaufende Entzündung der Fleischteile.

Dieselben fangen an zu wuchern, es wird eine schmierige, übelriechende Masse gebildet, zur Entstehung von festem Horn kommt es nicht. Die Wucherungen gehen von den Zöttchen und Blättchen aus.

Die Krankheit fängt meist am Strahl an und kann sich über den ganzen Huf ausdehnen.

Die Behandlung ist Sache des Tierarztes.

17. Der Beschlag der kaltblütigen, schweren Pferde.

Die kaltblütigen Pferde haben oft große, niedrige Hufe mit dicken, schräg zum Erdboden verlaufenden Wänden, flach gewölbten Sohlen und schwachen Trachten. Das Horn ist grobfaserig und wenig widerstandsfähig, es wird leicht brüchig und mürbe.

Die Befestigung der Hufeisen ist dann schwer.

Da die Hornwand sehr schräg zum Erdboden steht und die Sohle flach gewölbt ist, stellen sich leicht Hufkrankheiten, wie lose und getrennte Wand, Flach- und Vollhuf, Eckstrebenbrüche, eingewickelte Trachten und Zwanghufe ein.

Auch Verknöcherung der Hufbeinknorpel und Steingallen kommen häufig vor.

Eben genannte Erkrankungen treten besonders leicht ein, wenn die Pferde von dem heimatlichen weichen Boden auf das harte Pflaster der Stadt kommen und die Hufe dann nicht der Form entsprechend beschnitten und beschlagen werden.

Große Ruhe und Besonnenheit ist schon beim Hochhalten der Pferde zum Beschlagen erforderlich, da der Beschlag in der Heimat oft im Notstande ausgeführt wird. Herzhaftigkeit des Aufhalters ist hier viel wert. Zweckmäßig nimmt man ein langes, starkes Handtuch zum Aufhalten, das um die Köte geschlungen und dann leicht zugedreht wird.

Auch nimmt man beide Hufeisen nicht gleichzeitig ab, da die Tiere ohne Eisen schlecht stehen können.

Beim Zurichten der Hufe und Beschlagen beachte man folgendes:

Man schone die Glasurschicht.

Der Tragerand ist wenig zu erniedrigen, da die Hufe langsam wachsen, konkav verbogene Wandabschnitte beraspele man von oben.

Die äußere scharfe Kante am Hufe muß besonders gut berundet werden.

Aus der flach gewölbten Sohle entfernt man vorsichtig nur das tote Horn um den Strahl herum.

Die Sohlenschenkel befreit man von dem abgestorbenen Horn und erniedrigt vorsichtig die Eckstreben in der Querrichtung der Hornfasern, bis die Begrenzung der weißen Linie deutlich hervortritt.

Zu hoch gelassene Eckstreben legen sich häufig unter Verbiegung auf die Sohlenschenkel, besonders wenn die Gliedmaßen noch spitz gewinkelt sind und die Trachten dadurch mehr belastet werden.

Es entstehen dann leicht Eckstrebenbrüche, Quetschungen und Zerrungen der oberhalb liegenden Fleischteile (Steingallen).

Den von Natur aus breiten und kräftigen Strahl beschneidet man am besten gar nicht.

Je kräftiger und gesunder der Strahl, um so besser ist es für diesen Huf.

Man nimmt **dicke, breite** Eisen, am besten ohne Stollen, mit einem **stark schräg von außen nach innen** abfallenden Tragerand, soweit die Wände schräg stehen.

Die Abdachung muß wegen der flachen Sohlenwölbung ziemlich stark sein, das Eisen darf nicht die Sohle berühren.

Die Hornwand ist dick und steht sehr schräg zum Erdboden. Die Eisen müssen daher tiefer gelocht sein und die Nagelkanäle eine stärkere Neigung nach innen haben.

Die Hufe werden unter dem Beschlage leicht am Tragerand noch runder und weiter und am Kronenrand enger.

Es bilden sich lose Wände und Einschnürungen an der Krone (Zwang weiter Hufe).

Um das Weiterwerden am Tragerand zu verhindern, macht man zweckmäßig außen, wenn nötig auch innen, einen Seitenaufzug, der dicht vor der weitesten Stelle des Hufes zu liegen kommt.

Seitenaufzüge geben außerdem dem schweren Eisen mehr Halt am Hufe.

Besonderer Wert ist auf das Aufnageln der Eisen zu legen, da ein Verlieren derselben auf alle Fälle verhindert werden muß.

Ohne Eisen können Pferde mit flachen Hufen nicht gehen.

Das Festliegen der Eisen ist nur zu erreichen durch gut sitzende Aufzüge, die etwas stärker und höher sind als gewöhnlich, durch eine innige breite Berührung des Tragerandes des Hufes mit dem des Eisens, durch gute Nagelkanäle und durch gut verteilte und vernietete Hufnägel.

8 Hufnägel, etwas mehr nach hinten verteilt, sind meist erforderlich.

Besteht in größerer Ausdehnung lose oder getrennte Wand, liegt der Strahl **tiefer** als die Trachten, so kommt das **geschlossene** Eisen zur Anwendung. Der Steg muß **recht breit** sein und dem Strahl eine seiner Form entsprechende gute Stütze geben.

Liegt der Strahl **sehr viel tiefer** als die Trachten, so sind **geschlossene** Eisen **mit Stollen** erforderlich. Oft gelingt es, den Strahl wieder in seine richtige Lage in gleicher Höhe mit den Trachten zurückzubringen.

Bei empfindlichen Hufen mit flach gewölbten Sohlen ist

eine Ledersohle zu empfehlen. Solche Pferde gehen auch auf Strickeisen mit Steg oft recht gut.

Da die Hufe langsam wachsen, können die Eisen mindestens 6 Wochen liegen.

Häufig kommt auch die bodenenge Stellung vor, die Stützfläche ist nur klein.

Die äußere, stärker belastete, steile Wand des Hufes wird leicht zu hoch, das Eisen nutzt sich hier schneller ab.

Bei der Beschneidung muß die äußere Wand mehr erniedrigt werden.

Um das zu schnelle Abnutzen des Eisenschenkels zu verhindern, macht man ihn **breiter**; um dem Hufe und damit auch der Gliedmaße außen eine bessere Stützfläche zu geben, macht man den äußeren Eisenschenkel **weit, bodenweit und lang.** Die Lochung muß dann an der entsprechenden Stelle etwas tiefer sein.

Zum Nageln benutzt man besonders die innere, dicke Wand, an der steilen äußeren dünnen Wand ist man beim Einschlagen der Hufnägel besonders vorsichtig.

Sollen Griffeisen aufgeschlagen werden, so sind die äußere Griffkante und der äußere Stollen etwas niedriger zu halten.

Im Uebrigen verweise ich auf die Angaben bei den einzelnen Erkrankungen der Hufe.

V. Abschnitt.

1. Der Beschlag der Esel und Maultiere.

Die Hufe der Esel und Maultiere haben denselben Bau und dieselben allgemeinen Eigenschaften wie die Hufe der Pferde; nur die Form ist eine andere.

Der Eselhuf ist sehr hoch und schmal, der Strahl kurz und am Grunde breit, die Wände stehen sehr steil und sind dick.

Der Huf der Maultiere ist lang, hoch und schmal,

hat ebenfalls einen breiten Strahl und eine stark gewölbte Sohle.

Man nimmt beim Beschlagen leichte Eisen, die mit Rücksicht auf die **bedeutende Dicke der Hornwand tief gelocht** sein müssen.

4 Nägel reichen zur Befestigung des Eisens aus. Da Esel und Maultiere oft sehr störrisch sind, so muß man beim Aufhalten dieser Tiere zum Beschlagen viel Geduld haben.

2. Der Beschlag der Rinder.

Das Fußende des Rindes ist gespalten, die Fessel-, Kronen- und Klauenbeine sind doppelt vorhanden. Anstatt eines Hufes hat man an jedem Fuße zwei Hufe. Sie werden Klauen genannt und als eine äußere und innere Klaue bezeichnet.

Jede Klaue besteht aus der Hornwand, der Hornsohle und dem Hornballen; ein Strahl mit Strahlpolster fehlt.

Die Hornwand ist **viel dünner**, aber zähe und hart.

Das Wachstum des Hornes erfolgt wie beim Pferde.

Zum Beschlagen der Klauen verwendet man 2 Arten von Eisen.

1. Das gewöhnliche Klauen- oder Federeisen.

Es besteht aus einer 4—5 mm dicken Eisenplatte, welche die Form der Bodenfläche der Klauen hat (Fig. 76). Am inneren Rande sind die Eisen etwas dünner, am äußeren Rande befinden sich 4—6 **flach sitzende** Nagellöcher. Vorn sind am inneren Rande eine oder zwei messerförmige Federn, die nach außen die Klaue umfassen.

Fig. 76.

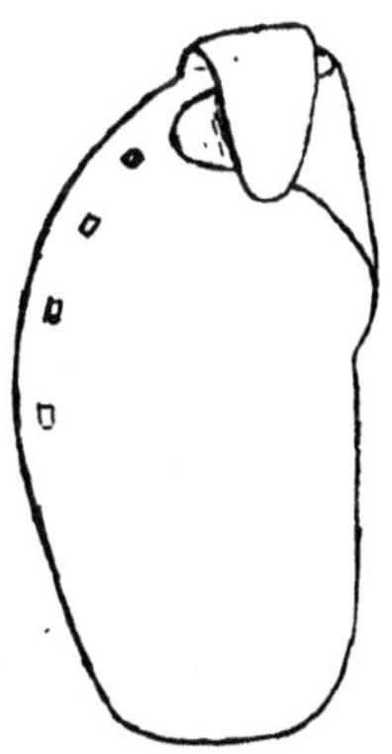

Das Federeisen.

2. Das hufeisenförmige Klaueneisen.

Es ist dem Hufeisen für Pferde ähnlich, an den Schenkelenden viel breiter und verhindert das Auseinanderweichen der

Klauen. Man braucht es, wenn die Tiere viel auf unebenen Wegen arbeiten müssen (Fig. 77).

Die Eisen werden meist kalt aufgepaßt und dürfen die Bodenfläche des Hufes nicht überragen. Da **die Wand nur dünn** ist, dürfen die Nägel **nicht hoch** geschlagen werden. Zur Befestigung werden 4—5 kurze Nägel verwandt. Das Aufheben der Füße ist schwierig, man muß oft Zwangsmittel anwenden.

Fig. 77.

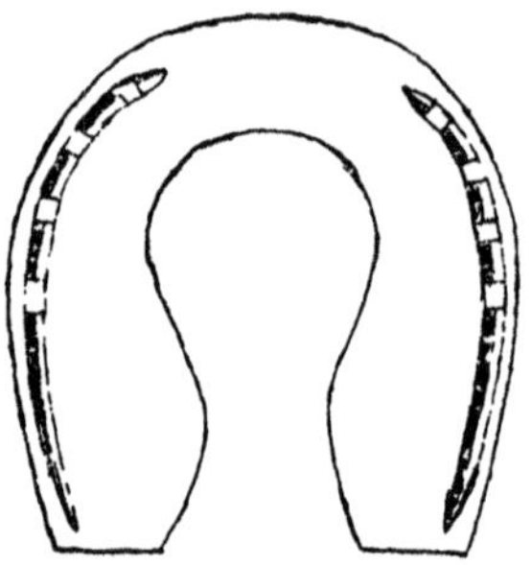

Hufeisenförmiges Klaueneisen.

Um das Stoßen mit den Hörnern zu vermeiden, bindet man das zu beschlagende Tier mit einem Seil, das um die Hörner geschlungen ist, kurz an die Wand.

Zum Aufheben der Vorderfüße legt man ein Seil um die Fessel, zieht dasselbe über den Widerrist und läßt es auf der anderen Seite halten.

Den Hinterfuß beschlägt man am besten durch Anlegen eines Baumes an die Beugeseite des Sprunggelenkes und Hochheben durch zwei Mann.

VI. Abschnitt.

1. Die Haftpflicht der Hufschmiede.

Nach dem Bürgerlichen Gesetzbuch geht der Schmied durch die Uebernahme des Beschlages einen sog. Werkvertrag ein. Durch diesen Vertrag ist der Schmied verpflichtet, den Beschlag so herzustellen, daß er die zugesicherten Eigenschaften hat und nicht mit Fehlern behaftet ist, die den Wert und die Tauglichkeit des Tieres aufheben oder mindern.

Der Hufschmied haftet also für die beim Beschlagen enstandenen Schäden, welche er verschuldet hat.

Schuld trifft den Schmied, wenn er bei Ausübung seines Handwerkes die im Verkehr erforderliche Sorgfalt außer acht läßt; er hat dann fahrlässig gehandelt.

Der Meister haftet auch hier für die Fahrlässigkeiten seines gesetzlichen Vertreters, sowie seiner Gesellen und Lehrlinge.

Keinen Schadenersatz hat der Schmied zu leisten, wenn der Schaden infolge eines unglücklichen Zufalls entstanden ist, der weder vom Meister selbst oder vom Gesellen vorausgesehen noch abgewendet werden konnte.

Der Schmied haftet auch für den Schaden, den ein Tier anrichtet, welches er zum Beschlagen und für welches er auch die Aufsicht in der Schmiede durch Vertrag übernommen hat, falls die im Verkehr erforderliche Sorgfalt nicht beobachtet wurde.

Uebernimmt der Schmied den Beschlag eines Pferdes, so verpflichtet er sich, die Hufe sachgemäß zuzubereiten und die Eisen der Hufform entsprechend zu richten und aufzunageln. Das Pferd darf durch den Beschlag nicht dienstunbrauchbar werden.

Der ausgeführte Hufbeschlag soll keine erheblichen Fehler haben; ist derselbe mit solchen behaftet, so muß der Schmiedemeister unentgeltlich diese Fehler beseitigen und für den verursachten Schaden aufkommen.

Unerhebliche Fehler, die den Gebrauch des Pferdes nicht hindern, bedürfen nicht der Abstellung.

Haftpflichtig ist der Schmied:

1. Für Beschädigungen der Tiere in- und außerhalb der Beschlagschmiede, wenn hier fehlerhafte Beschaffenheit der Arbeitsräume vorliegt.

2. Für Beschädigungen durch unzweckmäßiges Aufhalten

der Pferde, rohe Behandlung und unerlaubte Zwangsmittel (s. Teil II, S. 61—64).

3. Für Kunstfehler bei Ausführung des Hufbeschlages:

a) Bei Abnahme der Hufeisen (Abreißen von Stücken der Hornwand, Quetschung der Sohle).

b) Beim Herrichten des Hufes (zu starkes Ausschneiden der Sohle, der Eckstreben und des Strahls, Durchschneiden und Durchbrennen, zu tiefes Ausschneiden der Steingallen).

c) Beim Aufnageln des Eisens.

Haftpflichtig ist der Schmied, wenn die Ursache der Vernagelung zu suchen ist: in zu tief gelochten oder zu eng gerichteten Eisen; in zu starkem Beraspeln der Hornwand von oben; in zu tiefem Ansetzen des Hufnagels; in verkehrt angesetzter Zwicke. Ferner, wenn der Nagel bei gesunder normaler Hornwand zu hoch geschlagen oder ein zweiter Nagel eingeschlagen wird, wo schon vorher ein anderer gebrannt hat.

Nicht haftpflichtig ist der Schmied bei großer Unruhe und Widersetzlichkeit des Pferdes während des Beschlages; bei sehr dünnen, ausgebrochenen Wänden, bei bröckliger und mürber Beschaffenheit des Hufhorns, bei ausgedehnter loser Wand.

4. Wenn er bei Verletzungen, die sich die Pferde beim Beschlagen zugezogen haben, nicht sachgemäß die Wunden reinigt oder dieselben dem Besitzer verheimlicht.

Jedem Schmiedemeister ist der Abschluß einer Haftpflichtversicherung dringend zu empfehlen.

2. Die Buchführung.

Nach dem Handelsgesetzbuch ist der Handwerker, wenn er selbst im Geschäfte mitarbeitet und nur wenige Gesellen hält, nicht zur Buchführung verpflichtet.

Um aber eine gute Uebersicht über Gewinn und Verlust

des Geschäftes zu haben, ferner der Steuereinschätzung und der auszuschreibenden Rechnungen wegen, ist es jedem Schmied dringend anzuraten, sich frühzeitig an eine regelmäßige Buchführung zu gewöhnen.

Folgende Bücher sind zweckmäßig:

1. Ein Tagebuch.

In dasselbe sind täglich sämtliche gefertigte und abgelieferte Arbeiten einzutragen mit Preisangaben und Notizen über „bezahlt" oder „nicht bezahlt".

2. Ein Bestellbuch.

Dasselbe enthält alle Bestellungen, die gemacht sind an Kohlen, Hufstab, Eisen, Nägel usw.

3. Ein Kontobuch.

In dasselbe werden alle ausgeführten Arbeiten eingetragen.

Die einzelnen Kunden werden nach dem Alphabet aufgeführt, getrennt in „Barzahler" und „Schuldner".

4. Ein Bilanzbuch.

Aus demselben muß hervorgehen, wie viel Ausgaben, wie viel Einnahmen gewesen sind und wie groß der Ueberschuß ist.

5. Ein Inventarbuch.

In dasselbe ist der Wert der Grundstücke, des Schmiedegerätes, der Vorrat der Kohlen und des Eisens usw. einzutragen.

Am Ende eines Jahres wird die Inventur neu aufgenommen.

Sach-Register.

Druck von L. Schumacher in Berlin N. 4.

GPSR Compliance

The European Union's (EU) General Product Safety Regulation (GPSR) is a set of rules that requires consumer products to be safe and our obligations to ensure this.

If you have any concerns about our products, you can contact us on ProductSafety@springernature.com

In case Publisher is established outside the EU, the EU authorized representative is:

Springer Nature Customer Service Center GmbH
Europaplatz 3
69115 Heidelberg, Germany

Batch number: 10682427

Printed by Printforce, the Netherlands